Hans Bergmann

W0207327

5. – 8. Klasse

Mathe komplett

Regeln und Gesetze

Bibliografische Information der Deutschen Bibliothek
Die Deutsche Bibliothek verzeichnet diese Publikation in der Deutschen Nationalbibliografie; detaillierte bibliografische Daten sind im Internet über http://dnb.ddb.de abrufbar.

Auflage 4. 3 2. | 2012 2011 2010
Die letzten Zahlen bezeichnen jeweils die Auflage und das Jahr des letzten Druckes.

Das Werk und seine Teile sind urheberrechtlich geschützt. Jede Nutzung in anderen als den gesetzlich zugelassenen Fällen bedarf der vorherigen schriftlichen Einwilligung des Verlages. Hinweis zu § 52a UrhG: Weder das Werk noch seine Teile dürfen ohne eine solche Einwilligung eingescannt und in ein Netzwerk eingestellt werden. Dies gilt auch für Intranets von Schulen und sonstigen Bildungseinrichtungen.

Alle Rechte für diese Ausgabe liegen bei
Schlaumeier, Stuttgart 2009

Umschlaglayout: Sabine Kaufmann, Stuttgart
Druck: Medienhaus Plump, Rheinbreitbach
Printed in Germany
ISBN 978-3-12-920079-7

Inhaltsverzeichnis

Dieses Buch enthält

Mathe
5. Schuljahr

Inhaltsverzeichnis Mathe 5. Schuljahr

1.1 Die Beziehung „ist kleiner als" und „ist größer als"

Merke

Die natürlichen Zahlen lassen sich so am Zahlenstrahl darstellen:

Greifen wir beispielsweise die 5 heraus, so ist

4 der **Vorgänger** von 5,

6 der **Nachfolger** von 5.

Auf dem Zahlenstrahl sind also die Zahlen so angeordnet, dass sie nach rechts wachsen, nach links kleiner werden. Will man zwei Zahlen bezüglich ihrer Größe vergleichen, verwendet man die Zeichen $<$, $=$, $>$.

Merke

Auf dem Zahlenstrahl steht	3 **vor** 5	bzw.	5 **nach** 3
Wir schreiben:	$3 < 5$		$5 > 3$
und lesen:	3 **kleiner** als 5		5 **größer** als 3

Gedächtnisregel:
So kannst du dir die Bedeutung von $>$ bzw. $<$ merken: Auf der Seite, auf der sich der Winkel öffnet, der Abstand zwischen den Winkelschenkeln also groß ist, steht auch die größere Zahl ($7 > 5$; $5 < 7$).

Denk nach!

a) Timo steht im Tor. Die gegnerische Mannschaft erhält einen Freistoß. Henning, Guido und Olaf bilden die Mauer. Timo ruft: Weiter nach rechts! Jens steht vor der Mauer und sagt: Noch weiter nach rechts. Meinen sie dasselbe?

b) Was hätte Jens rufen müssen?

5

Rezept

Gib von 3000 den Vorgänger und den Nachfolger an

a) Musst du beim Vorgänger-Suchen auf dem Zahlenstrahl nach links oder nach rechts gehen?	nach links
b) Welche natürliche Zahl steht also unmittelbar vor 3000?	2999
c) Nach welcher Seite musst du beim Nachfolger-Suchen gehen?	nach rechts
d) Welche Zahl folgt auf 3000?	3001
e) Ergebnis	2999 3000 3001

Setze zwischen 25 und 17 das richtige Zeichen $>$ oder $<$

a) Liegt 25 links von 17 oder rechts von 17?	rechts
b) Ist 25 also größer oder kleiner als 17?	größer
c) Nach welcher Seite muss sich das Zeichen öffnen?	nach links: $>$
d) Ergebnis	$25 > 17$

Ordne die Zahlen 19, 26, 20 nach der Beziehung „ist kleiner als"

a) Musst du mit der kleinsten oder größten Zahl beginnen?	mit der kleinsten
b) Notiere jetzt die Zahlen der Größe nach	19 20 26
c) Welches Zeichen musst du setzen: $>$ oder $<$? Beachte, wo die jeweils größere Zahl steht!	$<$
d) Ergebnis	$19 < 20 < 26$

1.2 So arbeitest du mit Zehnerpotenzen

Merke

Wie du weißt, schreiben wir unsere Zahlen im **Zehnersystem**. So bedeutet

$$28\,015 = 2 \cdot 10\,000 + 8 \cdot 1000 + 0 \cdot 100 + 1 \cdot 10 + 5$$

Diese Schreibweise kann man verkürzen, wenn man für 10, 100, 1000 usw. **Zehnerpotenzen** schreibt.

$10 = 10 = 10^1$ → 1 mal 10 als Faktor
$100 = 10 \cdot 10 = 10^2$ → 2 mal 10 als Faktor
$1000 = 10 \cdot 10 \cdot 10 = 10^3$ → 3 mal 10 als Faktor

$$28\,015 = 2 \cdot 10^4 + 8 \cdot 10^3 + 0 \cdot 10^2 + 1 \cdot 10^1 + 5$$

Das Arbeiten mit Zehnerpotenzen macht die Struktur unseres Zahlensystems deutlich:
Zu jeder Zehnerpotenz gehört ein bestimmter Stellenwert:
z. B.: $10^2 = 100$ Hunderter
$10^4 = 10\,000$ Zehntausender

Denk nach!

Wie du als Computerfreak wahrscheinlich weißt, kann man auch Zahlen mit Hilfe von Zweierpotenzen aufbauen.
Man erhält das Dualsystem oder Binärsystem.

a) Rechne diese Zweierpotenzen aus:

2^3, 2^1 und 2^4

b) Kannst du 64 als Zweierpotenz schreiben?

c) Rechne diese Zahl aus:

$$1 \cdot 2^4 + 0 \cdot 2^3 + 1 \cdot 2^2 + 0 \cdot 2^1 + 1$$

5

Rezept

Zerlege 10 000 in Zehnerfaktoren und schreibe als Zehnerpotenz

a) Zerlege in Zehnerfaktoren	$10\,000 = 10 \cdot 10 \cdot 10 \cdot 10$
b) Wie viele Zehnerfaktoren erhältst du?	4
c) Wie muss also die Potenz aussehen?	10^4
d) Ergebnis	$10\,000 = 10^4$

Rechne 10^3 aus

a) Wie viele Zehnerfaktoren musst du notieren?	3
b) Schreibe sie hin	$10 \cdot 10 \cdot 10$
c) Rechne aus	$10 \cdot 10 \cdot 10 = 1000$
d) Ergebnis	$10^3 = 1000$

Rechne $7 \cdot 10^2$ aus

a) Spalte die Zehnerpotenz ab	10^2
b) Wie viele Zehnerfaktoren enthält 10^2?	2
c) Schreibe sie hin	$10 \cdot 10$
d) Rechne aus	$10 \cdot 10 = 100$
e) Welcher Faktor fehlt noch?	7
f) Rechne aus	$7 \cdot 100 = 700$
g) Ergebnis	$7 \cdot 10^2 = 700$

Schreibe 7205 mit Hilfe von Zehnerpotenzen

a) Zerlege die Zahl in Tausender, Hunderter usw.

$7205 = 7 \cdot 1000 + 2 \cdot 100 + 0 \cdot 10 + 5$

b) Setze für die Tausender, Hunderter usw. Zehnerpotenzen

$7 \cdot 1000 + 2 \cdot 100 + 0 \cdot 10 + 5 =$
$7 \cdot 10^3 + 2 \cdot 10^2 + 0 \cdot 10^1 + 5$

c) Ergebnis

$7205 = 7 \cdot 10^3 + 2 \cdot 10^2 + 0 \cdot 10^1 + 5$

Welche Zahl ergibt sich aus $6 \cdot 10^4 +$ $+ 9 \cdot 10^3 + 0 \cdot 10^2 + 7 \cdot 10^1 + 0$?

a) Rechne jeweils die Zehnerpotenzen aus

$6 \cdot 10^4 + 9 \cdot 10^3 + 0 \cdot 10^2 + 7 \cdot 10^1 + 0$
$6 \cdot 10\,000 + 9 \cdot 1000 + 0 \cdot 100 +$
$+ 7 \cdot 10 + 0$

b) Multipliziere mit den Faktoren

$60\,000 + 9000 + 0 + 70 + 0$

c) Addiere

$60\,000 + 9000 + 0 + 70 + 0 =$
$= 69\,070$

d) Ergebnis

$6 \cdot 10^4 + 9 \cdot 10^3 + 0 \cdot 10^2 +$
$+ 7 \cdot 10^1 + 0 = 69\,070$

2.1 So addierst und subtrahierst du

Merke

Bekanntlich lassen sich Additionen und Subtraktionen am Zahlenstrahl darstellen:

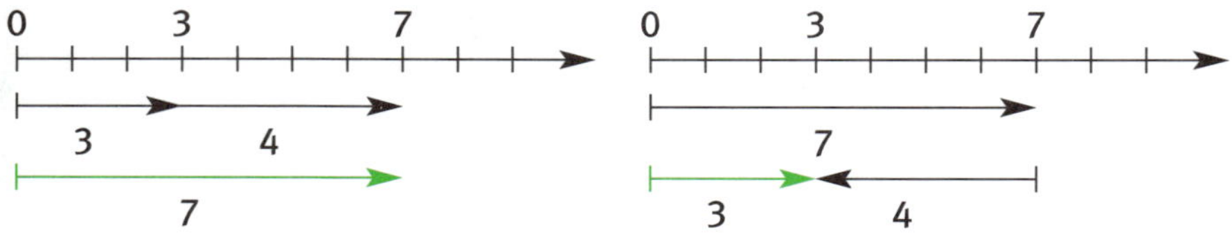

3 + 4 = 7

7 − 4 = 3

In der Mathematik verwendet man im Zusammenhang mit der Addition und Subtraktion Fachausdrücke.

Merke

3	+	4	=	7
Summand	plus	Summand	gleich	Summe
7	−	4	=	3
Minuend	minus	Subtrahend	gleich	Differenz

Präge dir diese Ausdrücke ein.

Denk nach!

a) Darfst du in einer Additionsaufgabe die Summanden vertauschen, ohne dass sich die Summe ändert?

b) Wie ist es bei Minuend und Subtrahend?

c) Darfst du bei drei Summanden die Summanden verschieden zusammenfassen?

Zeichne die Aufgabe 5 + 2

a) Zeichne für 5 einen Pfeil am Zahlenstrahl. Beginne bei 0

b) Wo musst du den zweiten Pfeil für + 2 ansetzen?

bei 5

c) Muss er nach links oder nach rechts gerichtet sein?

nach rechts

d) Zeichne ihn

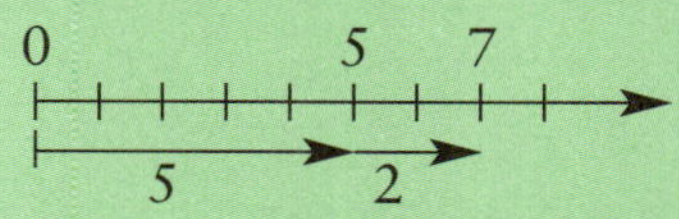

e) Zeichne den Pfeil für das Ergebnis ein

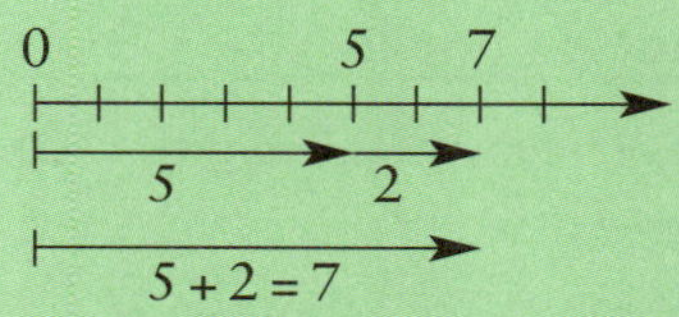

Zeichne die Aufgabe 6 – 2

a) Zeichne für 6 einen Pfeil am Zahlenstrahl. Beginne mit 0

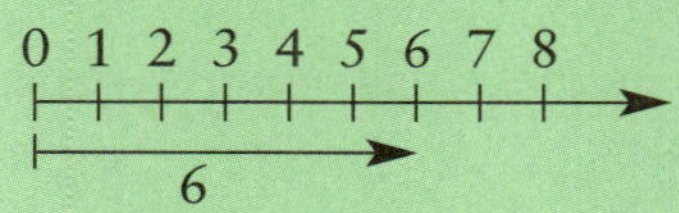

b) Wo musst du den zweiten Pfeil für – 2 ansetzen?

bei 6

c) Muss er nach links oder rechts gerichtet sein?

nach links

d) Zeichne ihn

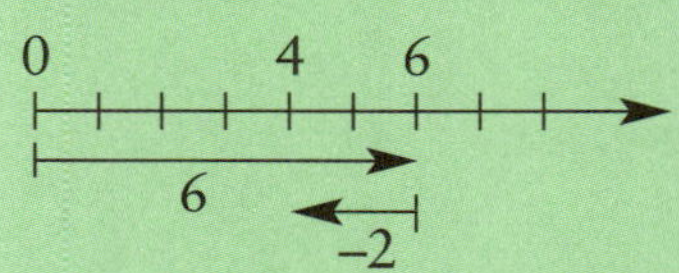

e) Zeichne den Pfeil für das Ergebnis ein

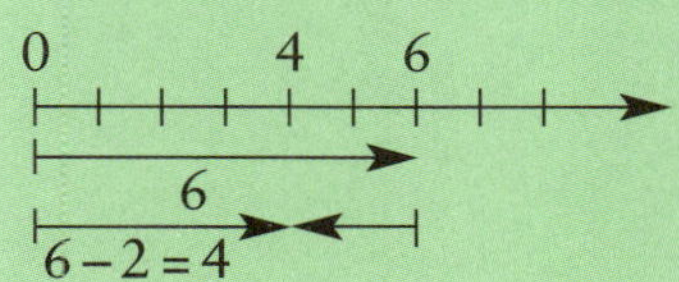

Rezept

Berechne die Summe von 35 und 25

a) Bei welchen Aufgaben gibt es eine Summe?	bei Additionen
b) Welche Summanden musst du hier addieren?	35 und 25
c) Rechne die Aufgabe aus	$35 + 25 = 60$
d) Ergebnis	Die Summe von 35 und 25 beträgt 60.

Bestimme die Differenz zwischen 64 und 24

a) Bei welchen Aufgaben gibt es eine Differenz?	bei Subtraktionen
b) Welche Zahl ist Minuend?	64
c) Welche Zahl ist Subtrahend?	24
d) Notiere die Aufgabe und rechne sie aus	$64 - 24 = 40$
e) Ergebnis	Die Differenz zwischen 64 und 24 beträgt 40.

2.2 So rechnest du mit Klammern

Merke

Was in Klammern steht, soll zuerst gerechnet werden.

Beispiele:

$28 + (35 - 9) = 28 + 26 = 54$

$41 - (54 - 32) = 41 - 22 = 19$

$(32 + 45) - (18 + 9) = 77 - 27 = 50$

Mit Klammern musst du umgehen können. Sie werden dich in den folgenden Schuljahren begleiten.

Denk nach!

a) Untersuche, ob diese Aufgaben zum gleichen Ergebnis führen:

$(45 + 20) + 15$ und $45 + (20 + 15)$

b) In manchen Aufgaben verwendet man neben den „runden“ Klammern noch eine zweite Sorte, die „eckigen“. Es wird dann von innen nach außen gerechnet.

$40 + [60 + (70 - 50)] =$

$[40 + (60 + 70)] - 50 =$

Berechne also erst die runden, dann die eckigen Klammern. Erhältst du jeweils das gleiche Ergebnis?

Rezept

$(40 + 57) - (25 + 50) = ?$

a) Erste Klammer ausrechnen	$(40 + 57) = 97$
b) Zweite Klammer ausrechnen	$(25 + 50) = 75$
c) Wie lautet jetzt die Aufgabe?	$97 - 75 =$
d) Rechne aus	$97 - 75 = 22$
e) Ergebnis	$(40 + 57) - (25 + 50) = 22$

5

2.3 So wird schriftlich addiert und subtrahiert

Merke

Wie du weißt, muss man beim schriftlichen Addieren und Subtrahieren darauf achten, dass die Zahlen **stellenwertgerecht** aufgeschrieben werden.

Es müssen also Einer unter Einern, Zehner unter Zehnern usw. stehen.

Beispiele:

$$\begin{array}{rr} & 1425 \\ + & 87 \\ + & 139 \\ & {\scriptstyle 12} \\ \hline & 1651 \\ \hline \end{array} \qquad \begin{array}{rr} & 8702 \\ - & 5846 \\ & {\scriptstyle 111} \\ \hline & 2856 \\ \hline \end{array} \qquad \begin{array}{rr} & 8320 \\ - & 421 \\ - & 1253 \\ & {\scriptstyle 111} \\ \hline & 6646 \\ \hline \end{array}$$

Wie du weißt, sollte man jede Rechnung auf ihre Richtigkeit prüfen. Das gilt besonders für das schriftliche Rechnen. Rechnest du beim Addieren von unten nach oben, so rechne zur Kontrolle noch einmal von oben nach unten.
Die Subtraktionsaufgaben überprüfst du am besten, indem du zur Subtraktionsaufgabe eine Additionsaufgabe rechnest:

$$\begin{array}{rr} & 8320 \\ - & 421 \\ - & 1253 \\ \hline & 6646 \\ \hline \end{array}$$

→ diese 3 Zahlen addieren von unten nach oben. Es muss dann 8320 herauskommen.

Denk nach!

Hier fehlen Ziffern. Findest du sie?

a)
$$\begin{array}{rr} & 3\_15 \\ + & 8\_ \\ + & 1\_6 \\ \hline & 3480 \end{array}$$

b)
$$\begin{array}{rr} & 8253 \\ + & \_\_\_\_ \\ + & 156 \\ \hline & 9678 \end{array}$$

c)
$$\begin{array}{rr} & 5431 \\ - & \_\_\_\_ \\ \hline & 1712 \end{array}$$

Rezept

5

251 + 7651 + 96 = ?

a) Schreibe die Zahlen stellenwertgerecht auf

$$\begin{array}{r} 251 \\ +\ 7651 \\ +\ 96 \\ \hline \end{array}$$

b) Addiere

$$\begin{array}{r} 251 \\ +\ 7651 \\ +\ 96 \\ \hline 7998 \end{array}$$

c) Ergebnis

$251 + 7651 + 96 = 7998$

7921 – 4068 = ?

a) Schreibe die Zahlen stellenwertgerecht auf

$$\begin{array}{r} 7921 \\ -\ 4068 \\ \hline \end{array}$$

b) Subtrahiere durch Ergänzen. Ergänzte Zahl jeweils notieren

$$\begin{array}{r} 7921 \\ -\ 4068 \\ \hline 3853 \end{array}$$

c) Ergebnis

$7921 - 4068 = 3853$

6540 – 125 – 2307 = ?

a) Schreibe die Zahlen stellenwertgerecht auf

$$\begin{array}{r} 6540 \\ -\ 125 \\ -\ 2307 \\ \hline \end{array}$$

b) Subtrahiere durch Ergänzen. Untere beiden Zahlen addieren, erst dann ergänzen

$$\begin{array}{r} 6540 \\ -\ 125 \\ -\ 2307 \\ \hline 4108 \end{array}$$

c) Ergebnis

$6540 - 125 - 2307 = 4108$

5

3.1 So multiplizierst und dividierst du

Merke

Die Multiplikation ist die verkürzte Schreibweise einer Additionsaufgabe, bei der lauter gleiche Summanden zusammengezählt werden sollen.

$$\underbrace{3+3+3+3+3}_{\text{5-mal}} = 5 \cdot 3$$

Die Division ist die Umkehrung der Multiplikation.

$15 \; (:3) = 5 \longleftrightarrow 5 \; (\cdot 3) = 15$

Die Division macht die Multiplikation rückgängig. Umgekehrt gilt aber auch: Die Multiplikation macht die Division rückgängig.

Die Multiplikation wird auf die Addition gleicher Summanden zurückgeführt. Die Division dagegen lernen wir als Umkehrung der Multiplikation kennen. Man kann aber auch die Division von einer Subtraktion gleicher Subtrahenden ableiten:

$$15 - \underbrace{3 - 3 - 3 - 3 - 3}_{\text{5-mal}} = 0 \qquad \text{Also: } 15 : 3 = 5$$

Merke

Diese Fachausdrücke musst du dir einprägen:

5	·	3	=	15
1. Faktor	mal	2. Faktor	gleich	Produkt
15	:	5	=	3
Dividend	durch	Divisor	gleich	Quotient

Denk nach!

a) Darfst du bei der Multiplikation die Faktoren vertauschen, ohne dass sich das Ergebnis ändert?

b) Wie verhält es sich bei der Division?

c) Darfst du die Aufgabe $25 \cdot 15$ in zwei Etappen rechnen: erst $\cdot 5$, dann $\cdot 3$?

Schreibe als Multiplikationsaufgabe: 7 + 7 + 7 + 7

a) Wie viele gleiche Summanden kommen vor?	4
b) Wie groß ist jeder Summand?	7
c) Wie heißen also die beiden Faktoren der Multiplikationsaufgabe?	4 und 7
d) Bilde die Multiplikationsaufgabe	$4 \cdot 7$
e) Ergebnis	$7 + 7 + 7 + 7 = 4 \cdot 7$

Wandle 4 · 5 in eine Additionsaufgabe um

a) Wie groß ist jeder Summand?	5
b) Wie viele Summanden sind es?	4
c) Schreibe sie auf	$5 + 5 + 5 + 5$
d) Ergebnis	$4 \cdot 5 = 5 + 5 + 5 + 5$
e) Wähle auch den ersten Faktor als Summanden	4
f) Wie viele sind es jetzt?	5
g) Schreibe sie auf	$4 + 4 + 4 + 4 + 4$
h) Ergebnis	$4 \cdot 5 = 4 + 4 + 4 + 4 + 4$
i) Gesamtergebnis	$4 \cdot 5 = 5 + 5 + 5 + 5$ $4 \cdot 5 = 4 + 4 + 4 + 4 + 4$

Wie lautet die Umkehraufgabe zu 21 : 3?

a) Rechne die Aufgabe aus	$21 : 3 = 7$
b) Welche Faktoren musst du für die Umkehraufgabe nehmen?	3 und 7
c) Bilde die Umkehraufgabe	$3 \cdot 7 = 21$
d) Ergebnis	$21 : 3 = 7 \rightarrow 3 \cdot 7 = 21$

5

Rezept

Wie heißt die Umkehraufgabe zu 6 · 5?

a) Rechne die Aufgabe aus	$6 \cdot 5 = 30$
b) Nimm den ersten Faktor als Divisor	$30 : 6 = 5$
c) Nimm den zweiten Faktor als Divisor	$30 : 5 = 6$
d) Ergebnis	$6 \cdot 5 = 30 \rightarrow 30 : 6 = 5$ $\searrow 30 : 5 = 6$

Dividiere das Produkt aus 8 und 5 durch 4

a) Bilde das Produkt	$8 \cdot 5 = 40$
b) Dividiere das Produkt	$40 : 4 = 10$
c) Ergebnis	$8 \cdot 5 = 40 \rightarrow 40 : 4 = 10$

Multipliziere den Quotienten aus 36 und 4 mit 5

a) Bilde den Quotienten	$36 : 4 = 9$
b) Multipliziere den Quotienten	$9 \cdot 5 = 45$
c) Ergebnis	$36 : 4 = 9 \rightarrow 9 \cdot 5 = 45$

4.1 So rechnest du mündlich

Merke

Beim mündlichen Rechnen (Kopfrechnen) lässt sich durch geschicktes Umgehen mit Endnullen die Rechnung vereinfachen:

$4 \cdot 600 = 2400$ $\qquad$ $40 \cdot 70 = 2800$

Denke an:

$4 \cdot 6 = 24$ $\qquad$ $4 \cdot 7 = 28$

$4200 : 7 = 600$ $\qquad$ $350\not{0} : 5\not{0} = 70$

Denke an:

$42 : 7 = 6$ $\qquad$ $35 : 5 = 7$

Durch Nullen-Anhängen oder Nullen-Streichen führst du viele Rechnungen auf Aufgaben des kleinen Einmaleins zurück. Diese Aufgaben musst du allerdings sicher beherrschen.

Denk nach!

a) Wie viele Aufgaben des kleinen Einmaleins von $1 \cdot 1$ bis $1 \cdot 10$ gibt es?

b) Wie viele davon besitzen zwei gleiche Faktoren?

c) Welches ist das kleinste und welches das größte Ergebnis, das vorkommen kann?

Rezept

8 · 7000 = ?

a) Welche einfache Aufgabe bietet sich an?	$8 \cdot 7 = 56$
b) Wie viele Nullen musst du noch anhängen?	3
c) Ergebnis	$8 \cdot 7000 = 56\,000$

7200 : 9 = ?

a) Welche einfache Aufgabe bietet sich an?	$72 : 9 = 8$
b) Wie viele Nullen musst du noch anhängen?	2
c) Ergebnis	$7200 : 9 = 800$

40 · 500 = ?

a) Welche einfache Aufgabe bietet sich an?	$4 \cdot 5 = 20$
b) Wie viele Nullen musst du noch anhängen?	$1 + 2 = 3$
c) Ergebnis	$40 \cdot 500 = 20\,000$

3600 : 40 = ?

a) Darfst du hier Nullen streichen?	ja
b) Streiche die Nullen. Achtung: bei **beiden** Zahlen gleich viele!	$360\emptyset : 4\emptyset = 360 : 4$
c) Welche einfache Aufgabe bietet sich an?	$36 : 4 = 9$
d) Wie viele Nullen musst du noch anhängen?	1
e) Ergebnis	$3600 : 40 = 90$

4.2 So rechnest du halbschriftlich

5

Merke

Bei diesen Aufgaben notiert man Zwischenergebnisse (halbschriftliches Rechnen).

Rechne so:

$7 \cdot 35 =$ $\quad$ $245 : 7 =$

$7 \cdot 30 + 7 \cdot 5 = 210 + 35$ $\quad$ $210 : 7 + 35 : 7 = 30 + 5$

Schreibe so:

$7 \cdot 35 = 210 + 35 = 245$ $\quad$ $245 : 7 = 30 + 5 = 35$

$60 \cdot 74 = 4440$ $\quad$ $2650 : 50 = 53$

Denke an:

$6 \cdot 74 = 420 + 24 = 444$ $\quad$ $265 : 5 = 50 + 3 = 53$

Rechne halbschriftlich dann, wenn dir die Zahlen für das reine Kopfrechnen zu schwierig sind, aber nicht schwierig genug, um das aufwendigere schriftliche Rechnen durchzuführen.

Denk nach!

Für das halbschriftliche Rechnen zerlegst du die Zahlen. Darfst du auch so rechnen?

Überprüfe es jeweils durch Nachrechnen.

a) $7 \cdot 39 =$ $\quad$ Rechne: $39 = 30 + 9$
und $39 = 40 - 1$

b) $273 : 7 =$ $\quad$ Rechne: $273 = 210 + 63$
und $273 = 280 - 7$

Rezept

$9 \cdot 85 = ?$

a) Zerlege 85	$85 = 80 + 5$
b) Wie heißt jetzt die Aufgabe?	$9 \cdot 85 = 9 \cdot 80 + 9 \cdot 5$
c) Multipliziere und addiere	$720 + 45 = 765$
d) Ergebnis	$9 \cdot 85 = 765$

$265 : 5 = ?$

a) Zerlege 265 geschickt in durch 5 teilbare Zahlen	$265 = 250 + 15$
b) Wie heißt jetzt die Aufgabe?	$265 : 5 = 250 : 5 + 15 : 5$
c) Dividiere und addiere	$50 + 3 = 53$
d) Ergebnis	$265 : 5 = 53$

$60 \cdot 27 = ?$

a) Denke an eine einfachere Aufgabe	$6 \cdot 27$
b) Zerlege 27	$27 = 20 + 7$
c) Welche Aufgabe musst du jetzt lösen?	$6 \cdot 27 = 6 \cdot 20 + 6 \cdot 7$
d) Multipliziere und addiere	$120 + 42 = 162$
e) Hänge die Null wieder an	1620
f) Ergebnis	$60 \cdot 27 = 1620$

$1480 : 40 = ?$

a) Kannst du hier Nullen streichen?	ja
b) Welche Aufgabe entsteht?	$148 : 4$
c) Zerlege 148 geschickt	$120 + 28$
d) Welche Aufgabe musst du nun lösen?	$148 : 4 = 120 : 4 + 28 : 4$
e) Dividiere und addiere	$30 + 7 = 37$
f) Ergebnis	$1480 : 40 = 37$

4.3 So löst du zusammengesetzte Aufgaben

Merke

Beim Rechnen zusammengesetzter Aufgaben musst du beachten:

1. Was in Klammern steht, soll zuerst gerechnet werden.
2. Stehen keine Klammern, so geht Punktrechnung (· ; :) vor Strichrechnung (+ ; –).

So löst du also die beiden Aufgaben:

$(3+8)\cdot 5 = 11\cdot 5 = 55$ — Erst Klammern berechnen

$3+8\cdot 5 = 3+40 = 43$ — Punktrechnung (·) vor Strichrechnung (+)!

Die Verknüpfung von Addition und Subtraktion einerseits mit Multiplikation und Division andererseits macht es erforderlich, mit Klammern zu arbeiten. Du musst also wissen, wie man mit den Klammern umgehen muss.

Denk nach!

a) Überlege dir, ob du hier die Klammern weglassen darfst, ohne dass sich das Ergebnis ändert.

$(8+7)+5 =$ $\quad$ $(8\cdot 7)\cdot 5 =$

$8+(7+5) =$ $\quad$ $8\cdot(7\cdot 5) =$

Rechne die Ausdrücke auch aus.

b) Wie verhält es sich hier?

$(8+7)\cdot 5 =$ $\quad$ $(8\cdot 7)+5 =$

$8+7\cdot 5 =$ $\quad$ $8\cdot 7+5 =$

c) Und hier?

$(8+4):4 =$ $\quad$ $(8:4)+4 =$

$8+4:4 =$ $\quad$ $8:4+4 =$

Rezept

(42 + 18) · 7 = ?

a) Klammer ausrechnen	$42 + 18 = 60$
b) Multiplizieren	$60 \cdot 7 = 420$
c) Ergebnis	$(42 + 18) \cdot 7 = 420$

(82 – 34) : 8 = ?

a) Klammer ausrechnen	$82 - 34 = 48$
b) Dividieren	$48 : 8 = 6$
c) Ergebnis	$(82 - 34) : 8 = 6$

81 – 7 · 3 = ?

a) Gibt es Klammern in der Aufgabe?	nein
b Welche Rechnung geht also vor?	Multiplikation
c) Multipliziere	$7 \cdot 3 = 21$
d) Subtrahiere	$81 - 21 = 60$
e) Ergebnis	$81 - 7 \cdot 3 = 60$

39 + 36 : 9 = ?

a) Gibt es Klammern?	nein
b) Welche Rechnung geht also vor?	Division
c) Dividiere	$36 : 9 = 4$
d) Addiere	$39 + 4 = 43$
e) Ergebnis	$39 + 36 : 9 = 43$

(63 – 23) · (12 + 8) = ?

a) Klammern ausrechnen	$63 - 23 = 40$ und $12 + 8 = 20$
b) Multipliziere	$40 \cdot 20 = 800$
c) Ergebnis	$(63 - 23) \cdot (12 + 8) = 800$

5.1 So wird schriftlich multipliziert

Merke

Achte beim schriftlichen Rechnen auf stellenwertgerechtes Anordnen der Zahlen.

So wird schriftlich multipliziert:

```
125 · 631      ← höchste Stelle
  750          ← erstes Teilergebnis
   375
    125
  78875
```

Für das schriftliche Multiplizieren gibt es Regelungen, die du beachten solltest: Man beginnt immer mit der höchsten Stelle der zweiten Zahl zu multiplizieren und notiert das erste Teilergebnis unter dieser Zahl.

Merke

Achte in den Aufgaben auf Nullen! Aufgaben mit Nullen können leicht zu Fehlern führen.

Bedenke:

Ist ein Faktor (Malnehmer) 0, so ist auch das Ergebnis 0.

Also gilt:

$5 \cdot 0 = 0 \qquad 0 \cdot 7 = 0$

Denk nach!

Achtung: Hier fehlen Ziffern. Findest du sie?

a)
```
2_5 · 4_
  980
   1715
________
```

b)
```
2104 · _0_
  4208
     6312
__________
```

Rezept

421 · 213 = ?

a) Mit welcher Ziffer beginnst du die Multiplikation?	mit 2
b) Rechne	$\begin{array}{r} \underline{421 \cdot 213} \\ 842 \\ 421 \\ \underline{1263} \\ 89673 \end{array}$
c) Ergebnis	$421 \cdot 213 = 89\,673$

3201 · 170 = ?

a) Mit welcher Ziffer beginnst du?	mit 1
b) Rechne. Achte auf die Nullen!	$\begin{array}{r} \underline{3201 \cdot 170} \\ 3201 \\ \underline{224070} \\ 544170 \end{array}$
c) Ergebnis	$3201 \cdot 170 = 544\,170$

5.2 So dividierst du schriftlich

Merke

Auch beim schriftlichen Dividieren kommt es auf stellenwertgerechtes Anordnen der Zahlen an.

Beispiel: 2976 : 24 = 124

```
2976 : 24 = 124
24
 57
 48
  96
  96
   0
```

Schriftliche Divisionen überprüft man durch entsprechende Multiplikationen. Sie sind Probeaufgaben für Divisionsaufgaben.

Merke

Auch beim Dividieren können Nullen Schwierigkeiten bereiten.

Bedenke: $7:7=1$ $\quad 1\cdot 7=7$

$0:7=0$ $\quad 0\cdot 7=0$

Achtung! Durch 0 kann man **nicht teilen.**

Denk nach!

Auch hier sind wieder Ziffern verloren gegangen. Kannst du sie ergänzen?

a) 29_2 : _4 = 12_

```
29_2 : _4 = 12_
24
 55
 48
 __
  72
   0
```

b) 57_0 : __ = 2_0

```
57_0 : __ = 2_0
50
 75
 75
  00
   0
   0
```

5

Rezept

6384 : 24 = ?

a) Was ergibt 63 : 24?

2

b) Rechne die Kontrollaufgabe

$24 \cdot 2 = 48$

c) Bestimme den Rest

$$\begin{array}{r} 63 \\ -\,48 \\ \hline 15 \end{array}$$

d) Ist der Rest kleiner als 24?

ja

e) Hole die nächste Ziffer herunter und rechne zu Ende

$$\begin{array}{l} 6384 : 24 = 266 \\ \underline{48} \\ 158 \\ \underline{144} \\ \ \ 144 \\ \ \ \underline{144} \\ \ \ \ \ \ 0 \end{array}$$

f) Ergebnis

6384 : 24 = 266

28 042 : 14 = ?

a) Beginne mit 28 : 14

$$\begin{array}{l} 28042 : 14 = 2 \\ \underline{28} \\ \ \ 0 \end{array}$$

b) Achte jetzt auf die Nullen. Notiere **alle** Rechenschritte

$$\begin{array}{l} 28042 : 14 = 2003 \\ \underline{28} \\ \ \ 00 \\ \ \ \ \underline{0} \\ \ \ \ 04 \\ \ \ \ \ \underline{0} \\ \ \ \ \ 42 \\ \ \ \ \ \underline{42} \\ \ \ \ \ \ \ 0 \end{array}$$

c) Ergebnis

28 042 : 14 = 2003

5.3 Dividieren mit Rest

Merke

Nicht immer geht eine Divisionsaufgabe auf, es bleibt oft ein Rest.

Beispiel:	$5961 : 24 = 248 \text{ R } 9$	Probeaufgabe:
	48	$248 \cdot 24$
	116	496
	96	992
	201	5952
	192	+ 9
	9	5961

Den Rest bei Divisionsaufgaben kann man unterschiedlich schreiben. Du solltest so verfahren, wie es bei dir an der Schule üblich ist, also

$5961 : 24 = 248 \text{ Rest } 9$

oder $5961 : 24 = 248 + 9 : 24$

Denk nach!

$5961 : 24 = 248 \text{ Rest } 9$

a) Zeige durch Nachrechnen, dass $5961 - 9$ durch 24 ohne Rest teilbar ist.

b) Ist auch $5961 + 15$ durch 24 ohne Rest teilbar?
Wie kommt das?

c) Zeige, dass das Ergebnis in b) dann $248 + 1 = 249$ beträgt.

Rezept

27 815 : 32 = ?

a) Dividiere

```
27815 : 32 = 869
256
 221
 192
  295
  288
    7
```

b) Welcher Rest bleibt?

7

c) Ergebnis

27 815 : 32 = 869 R 7

Ist die Aufgabe 28 815 : 32 = 869 R 7 richtig gerechnet?

a) Bilde als Probeaufgabe eine Multiplikationsaufgabe

27 815 : 32 = 869 R 7

869 · 32

b) Multipliziere

```
869 · 32
2607
  1738
27808
```

c) Addiere den Rest

27 808 + 7 = 27 815

d) Woran erkennst du, ob die Aufgabe richtig oder falsch gerechnet ist?

Wenn das Ergebnis von c) mit der Ausgangszahl überein stimmt, ist die Aufgabe richtig gerechnet.

e) Vergleiche die Zahlen

27 815 = 27 815

f) Ergebnis

Die Aufgabe ist richtig gerechnet.

6.1 So arbeitest du mit Aussagen und Aussageformen

Merke

In der Mathematik unterscheidet man **Aussagen** und **Aussageformen.**

Mathematische Ausdrücke, die entweder wahr oder falsch sind, heißen **Aussagen**:

$3 + 4 = 5$ ist eine falsche Aussage

$3 + 4 > 5$ ist eine richtige Aussage

Aussageformen besitzen nur die Form einer Aussage:

$3 + x = 5$

$x - 5 < 8$

Sie besitzen mindestens einen Platzhalter (Variable) – hier z. B. x.
Von ihnen lässt sich daher nicht sagen, ob sie wahr oder falsch sind.

Mit Aussagen und Aussageformen wirst du dich in den folgenden Schuljahren noch intensiv beschäftigen müssen. Sie sind für die Mathematik außerordentlich wichtig.

Denk nach!

a) Ist dies auch eine Aussage?

„Wenn es regnet, wird die Straße nass.“

b) Wie verhält es sich hier?

„Wenn ich den Kugelschreiber loslasse, fliegt er nach oben.“

c) Und hier: „Schularbeiten sind flüssiger als Wasser, nämlich überflüssig.“

Ist „3 · 7 = 20“ eine Aussage oder Aussageform?

a) Kommt in dem Ausdruck ein Platzhalter vor?	nein
b) Kannst du angeben, ob der Ausdruck wahr oder falsch ist?	ja
c) Ist er wahr oder falsch?	falsch
d) Ergebnis	$3 \cdot 7 = 20$ ist eine falsche Aussage.

Ist „24 : x = 6“ eine Aussage oder Aussageform?

a) Kommt in dem Ausdruck ein Platzhalter vor?	ja
b) Kannst du angeben, ob der Ausdruck wahr oder falsch ist?	nein
c) Ergebnis	$26 : x = 6$ ist eine Aussageform.

6.2 So findest du Lösungsmengen von Gleichungen

Merke

Die Zahlen, die für das Ersetzen des Platzhalters (der Variablen) vorgesehen sind, bilden die **Grundmenge G**.

Jede Ersetzung des Platzhalters macht aus der **Aussageform** eine **Aussage**.

Alle Ersetzungen, die aus der Aussageform eine **wahre Aussage** machen, ergeben die Lösungsmenge L der entsprechenden Aussageform.

Beispiel: Aussageform: $x + 4 = 7$

Grundmenge: $G = \{1, 2, 3, 4\}$

Ersetzungen: $x = 1 \rightarrow 1 + 4 = 7$ (f)

(f für falsch, r für richtig)

$x = 2 \rightarrow 2 + 4 = 7$ (f)

$x = 3 \rightarrow 3 + 4 = 7$ (r)

$x = 4 \rightarrow 4 + 4 = 7$ (f)

Lösungsmenge: $L = \{3\}$

Achte beim Lösen von Gleichungen stets auf die Grundmenge, weil sie oft einen Einfluss auf die Lösungsmenge hat.

Denk nach!

Löse die Gleichung $5 + x = 10$.

Wähle als Grundmenge jeweils

a) $\{1, 2, 3, 4\}$

b) $\{6, 7, 8, 9, 10\}$

c) die Menge der natürlichen Zahlen $\{0, 1, 2, 3 \dots\}$

Was stellst du fest?

Bestimme die Lösungsmenge L von $7 - x = 5$, wenn $G = \{1, 2, 3, 4\}$ ist

a) Ersetze x durch 1	$x = 1 \rightarrow 7 - 1 = 5$
b) Ist diese Aussage wahr?	nein
c) Kann 1 also Lösung sein?	nein
d) Ersetze x durch 2	$x = 2 \rightarrow 7 - 2 = 5$
e) Ist diese Aussage wahr?	ja
f) Ist 2 Lösung?	ja
g) Ersetze x durch 3	$x = 3 \rightarrow 7 - 3 = 5$
h) Ist diese Aussage wahr?	nein
i) Kann 3 Lösung sein?	nein
j) Ersetze x durch 4	$x = 4 \rightarrow 7 - 4 = 5$
k) Ist diese Aussage wahr?	nein
l) Kann 4 Lösung sein?	nein
m) Musst du noch weitere Ersetzungen vornehmen?	nein
n) Ergebnis	$7 - x = 5$ hat $L = \{2\}$, wenn $G = \{1, 2, 3, 4\}$ ist

Bestimme die Lösungsmenge L von $3 \cdot x = 12$; $G = \{1, 2, 3, 4\}$

Rezept

a) Ersetze x durch 1	$x = 1 \rightarrow 3 \cdot 1 = 12$
b) Ist diese Aussage wahr?	nein
c) Kann 1 also Lösung sein?	nein
d) Ersetze x durch 2	$x = 2 \rightarrow 3 \cdot 2 = 12$
e) Ist diese Aussage wahr?	nein
f) Kann 2 also Lösung sein?	nein
g) Ersetze x durch 3	$x = 3 \rightarrow 3 \cdot 3 = 12$
h) Ist diese Aussage wahr?	nein
i) Kann 3 also Lösung sein?	nein
j) Ersetze x durch 4	$x = 4 \rightarrow 3 \cdot 4 = 12$
k) Ist diese Aussage wahr?	ja
l) Ist 4 Lösung?	ja
m) Musst du noch weitere Ersetzungen vornehmen?	nein
n) Ergebnis	$3 \cdot x = 12$ hat $L = \{4\}$, wenn $G = \{1, 2, 3, 4\}$

6.3 So löst du Ungleichungen

5

Merke

Die Lösungsmengen von Ungleichungen ermittelt man in gleicher Weise wie die von Gleichungen.

Beispiel: $4 + x < 8$ $\quad G = \{1, 2, 3, 4, 5\}$

$x = 1 \rightarrow 4 + 1 < 8$ (w)
$x = 2 \rightarrow 4 + 2 < 8$ (w)
$x = 3 \rightarrow 4 + 3 < 8$ (w)
$x = 4 \rightarrow 4 + 4 < 8$ (f)
$x = 5 \rightarrow 4 + 5 < 8$ (f)
also $L = \{1, 2, 3\}$

Wählt man als Grundmenge die Menge der natürlichen Zahlen $\mathbb{N} = \{0, 1, 2, 3 \dots\}$, so kann es vorkommen, dass auch die Lösungsmenge unendlich viele Zahlen enthält.

Beispiel: $3 + x > 5$ $\quad G = \mathbb{N}$

$x = 0 \rightarrow 3 + 0 > 5$ (f)
$x = 1 \rightarrow 3 + 1 > 5$ (f)
$x = 2 \rightarrow 3 + 2 > 5$ (f)
$x = 3 \rightarrow 3 + 3 > 5$ (w)

Alle weiteren Ersetzungen für x ergeben wahre Aussagen. Die Lösungsmenge lautet also

$$L = \{3, 4, 5 \dots\}$$

Gleichungen und Ungleichungen können auch in Form von Sachaufgaben gegeben sein. Du musst dann die entsprechenden Ausdrücke erst aus den Texten herauslösen.

Denk nach!

Ein Kasten ist innen 5 dm lang. Es sollen Stäbe verpackt werden, die 1 dm, 2 dm, 3 dm, 10 dm lang sind. Welche passen hinein?

a) Findest du für dieses Problem eine Ungleichung?

b) Welches ist die Grundmenge?

c) Gib die Lösungsmenge an.

Ermittle die Lösungsmenge für
$8 - x < 5$, wenn G = {1, 2, 3, 4, 5}

Rezept

5

a) Ersetze x durch 1	$x = 1 \rightarrow 8 - 1 < 5$
b) Ist $7 < 5$?	nein
c) Ist 1 also Lösung?	nein
d) Ersetze x durch 2	$x = 2 \rightarrow 8 - 2 < 5$
e) Ist $6 < 5$?	nein
f) Ist 2 also Lösung?	nein
g) Ersetze x durch 3	$x = 3 \rightarrow 8 - 3 < 5$
h) Ist $5 < 5$?	nein
i) Ist 5 also Lösung?	nein
j) Ersetze x durch 4	$x = 4 \rightarrow 8 - 4 < 5$
k) Ist $4 < 5$?	ja
l) Ist 4 Lösung?	ja
m) Ersetze x durch 5	$x = 5 \rightarrow 8 - 5 < 5$
n) Ist $3 < 5$?	ja
o) Ist 5 also Lösung?	ja
p) Gibt es in G noch weitere Zahlen, die du für x einsetzen musst?	nein
q) Welche Werte sind also Lösungen?	4 und 5
r) Ergebnis	$8 - x < 5$ besitzt in G = {1, 2, 3, 4, 5} die Lösungsmenge L = {4, 5}

Bestimme die Lösungsmenge für $x + 3 > 5$ in $G = \mathbb{N} = \{0, 1, 2, 3 \ldots\}$

a) Ersetze x durch 0	$x = 0 \rightarrow 0 + 3 > 5$
b) Ist $3 > 5$?	nein
c) Ersetze x durch 1	$x = 1 \rightarrow 1 + 3 > 5$
d) Ist $4 > 5$?	nein
e) Ersetze x durch 2	$x = 2 \rightarrow 2 + 3 > 5$
f) Ist $5 > 5$?	nein
g) Ersetze x durch 3	$x = 3 \rightarrow 3 + 3 > 5$
h) Ist $6 > 5$?	ja
i) Ist 3 also Lösung?	ja
j) Ersetze x durch 4	$x = 4 \rightarrow 4 + 3 > 5$
k) Ist $7 > 5$?	ja
l) Ist 4 Lösung?	ja
m) Musst du weitere Zahlen für x einsetzen?	nein, $x + 3$ wird jetzt immer größer als 5 sein!
n) Stelle die Lösungen zusammen	3, 4, 5 …
o) Ergebnis	$x + 3 > 5$ besitzt in $G = \mathbb{N}$ die Lösungsmenge $L = \{3, 4, 5 \ldots\}$

7.1 So werden Gewichte umgewandelt

Merke

Gewichte kannst du so umwandeln:

1 t = 1000 kg

1 kg = 1000 g

Unsere Gewichtseinheiten sind besonders einfach strukturiert:
Ihre Umrechnungszahl beträgt (· 1000) bzw. (: 1000)

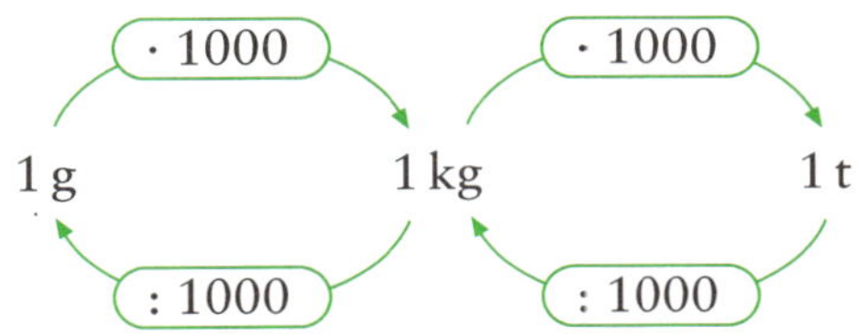

Denk nach!

Deine Großeltern haben noch mit den Gewichtseinheiten Pfund (℔) und Zentner (Ztr.) gerechnet.

1 Zentner = 100 ℔

1 ℔ = 500 g

a) Wie viel Pfund sind 3 Zentner?

b) Rechne 3 Zentner in Gramm um.

c) Wie viel Pfund sind 3 kg?

Rezept

Rechne 5 t in kg um

a) Wie viel kg hat 1 t?	1 t = 1000 kg
b) Wie heißt die Umrechnungszahl?	(· 1000)
c) Wandle 5 t um	5 (· 1000) = 5000
d) Ergebnis	5 t = 5000 kg

Verwandle 40 000 kg in t

a) Wie viel kg ergeben 1 t?	1000 kg = 1 t
b) Wie heißt die Umrechnungszahl?	(: 1000)
c) Rechne um	40 000 (: 1000) = 40
d) Ergebnis	40 000 kg = 40 t

Rechne 15 kg in g um

a) Wie viel g hat 1 kg?	1 kg = 1000 g
b) Umrechnungszahl?	(· 1000)
c) Wandle um	15 (· 1000) = 15 000
d) Ergebnis	15 kg = 15 000 g

Rechne 25 000 g in kg um

a) Wie viel g ergeben 1 kg?	1000 g = 1 kg
b) Umrechnungszahl?	(: 1000)
c) Rechne	25 000 (: 1000) = 25
d) Ergebnis	25 000 g = 25 kg

7.2 So arbeitest du mit Gewichtsangaben in Kommaschreibweise

Merke

Für gemischte Gewichtsangaben wie 3 t 150 kg bzw. 4 kg 600 g verwendet man die übersichtliche Kommaschreibweise:

Beispiele:	3 t 150 kg = 3,150 t	4 kg 600 g = 4,600 kg
	150 kg = 0,150 t	600 g = 0,600 kg
	50 kg = 0,050 t	60 g = 0,060 kg
	5 kg = 0,005 t	6 g = 0,006 kg

Durch das Komma werden also jeweils die großen von den kleinen Gewichtseinheiten getrennt.

Viele Gewichtsangaben des täglichen Lebens sind Kommazahlen. Vor allem beim Lösen von Sachaufgaben musst du mit Kommazahlen arbeiten können.

Denk nach!

Auch zu Großelterns Zeiten spielte die Kommaschreibweise eine Rolle.

5 Ztr. 25 ℔ wurde geschrieben: 5,25 Ztr.

a) Schreibe 7 Ztr. 50 ℔ als Kommazahl.

b) Verwandle 3,20 Ztr. in Ztr. und ℔ und dann nur in ℔.

c) Kannst du 3,20 Ztr. auch in g umrechnen?

Schreibe 3 t 150 kg mit Komma

a) Wie viele ganze t sind es?	3 t
b) Welche Zahl muss also vor dem Komma stehen?	3
c) Ergebnis	3 t 150 kg = 3,150 t

Schreibe 12 350 kg mit Komma

a) Wie viele Tausender sind es?	12
b) Wie viele t ergeben sich?	12 000 kg = 12 t
c) Welche Zahl muss also vor dem Komma stehen?	12
d) Wie viele kg stehen hinter dem Komma?	350
e) Ergebnis	12 350 kg = 12,350 t

Schreibe 75 kg mit Komma

a) Wie viele ganze t sind es?	0
b) Welche Zahl muss also vor dem Komma stehen?	0
c) Ist die kg-Angabe dreistellig?	nein
d) Wie viele Stellen fehlen?	1
e) Wie viele Nullen musst du einfügen?	eine
f) Ergebnis	75 kg = 0,075 t

Rezept

5

Schreibe 2,050 t ohne Komma	
a) Wie viele ganze t sind es?	2 t
b) Wie viele kg sind es?	50 kg
c) Ergebnis	2,050 t = 2 t 50 kg
Verwandle 4,875 t in kg	
a) Wie viele ganze t sind es?	4 t
b) Wie viele kg sind 4 t?	4 t = 4000 kg
c) Wie viele kg fehlen noch?	875 kg
d) Wie viele kg sind es also insgesamt?	4000 kg + 875 kg = 4875 kg
e) Ergebnis	4,875 t = 4875 kg
Schreibe 5 kg 125 g mit Komma	
a) Wie viele ganze kg sind es?	5 kg
b) Welche Zahl muss also vor dem Komma stehen?	5
c) Ergebnis	5 kg 125 g = 5,125 kg
Schreibe 0,810 kg ohne Komma	
a) Wie viele ganze kg sind es?	0
b) Wie viele g sind es?	810 g
c) Ergebnis	0,810 kg = 810 g
Schreibe 3500 g mit Komma	
a) Wie viele Tausender sind es?	3
b) Wie viele kg ergeben sie?	3000 g = 3 kg
c) Welche Zahl muss also vor dem Komma stehen?	3
d) Wie viele g stehen hinter dem Komma?	500
e) Ergebnis	3500 g = 3,500 kg

8.1 So arbeitest du mit Geldwerten

5

Merke

So rechnest du unsere Geldwerte um:

1 € = 100 ct

Bei gemischten Beträgen wie 3 € 75 ct verwendet man die Kommaschreibweise:

Beispiele: 3 € 75 ct = 3,75 €

75 ct = 0,75 €

5 ct = 0,05 €

3 € = 3,00 €

Beim Umrechnen von Geldwerten wirst du kaum Probleme haben. Auch das Umgehen mit Kommazahlen ist dir sicher bekannt.

Denk nach!

Bei Reisen in einige ausländische Länder musst du dein Geld umtauschen.

Großbritannien: 1 Euro etwa 0,6 britische Pfund

Schweizer Franken: 1 Euro etwa 1,50 Schweizer Franken

a) Wie viel Geld erhältst du jeweils für 500 Euro in den beiden Ländern?

b) Von deinem Reisebudget sind 225 britische Pfund und 151 Schweizer Franken übrig geblieben. Tausche sie zurück.

Rezept

5

Wie viele ct sind 15 €?	
a) Wie wird gewechselt?	1 € = 100 ct
b) Wie heißt die Umrechnungszahl?	(· 100)
c) Wie viele ct sind 15 €?	15 (· 100) = 1500
d) Ergebnis	15 € = 1500 ct

Wechsele 2000 ct in €	
a) Wie wird gewechselt?	100 ct = 1 €
b) Wie heißt die Umrechnungszahl?	(: 100)
c) Wie viele € erhältst du?	2000 (: 100) = 20
d) Ergebnis	2000 ct = 20 €

Schreibe 4 € 50 ct mit Komma	
a) Wie viele ganze € sind es?	4 €
b) Welche Zahl muss also vor dem Komma stehen?	4
c) Ergebnis	4 € 50 ct = 4,50 €

Verwandle 3,15 € in ct	
a) Wie viele ganze € sind es?	3 €
b) Wie viele ct sind 3 €?	3 · 100 ct = 300 ct
c) Wie viele ct stehen hinter dem Komma?	15 ct
d) Wie viele ct sind es also insgesamt?	300 ct + 15 ct = 315 ct
e) Ergebnis	3,15 € = 315 ct

Rezept

Verwandle 0,08 € in ct

a) Wie viele ganze €?	0
b) Wie viele ct stehen hinter dem Komma?	8 ct
c) Wie viele ct sind es also insgesamt?	0 + 8 ct = 8 ct
d) Ergebnis	0,08 € = 8 ct

Schreibe 785 ct mit Komma

a) Wie viele Hunderter gibt es?	7
b) Wie viele ct sind es?	700 ct
c) Wie viele € lassen sich einwechseln?	7
d) Welche Zahl steht also vor dem Komma?	7
e) Wie viele ct bleiben hinter dem Komma?	85
f) Ergebnis	785 ct = 7,85 €

Schreibe 9 ct mit Komma

a) Wie viele Hunderter gibt es?	0
b) Welche Zahl steht also vor dem Komma?	0
c) Ist die Cent-Angabe zweistellig?	nein
d) Wie viele Nullen musst du einfügen?	eine
e) Ergebnis	9 ct = 0,09 €

9.1 So rechnest du mit Längen

Merke

Da die Längenmaße viele Unterteilungen besitzen, musst du beim Umrechnen aufpassen.

1 km = 1000 m

1 m = 10 dm = 100 cm

1 dm = 10 cm

1 cm = 10 mm

Für das Umrechnen von Längen benötigst du die jeweilige Umrechnungszahl:

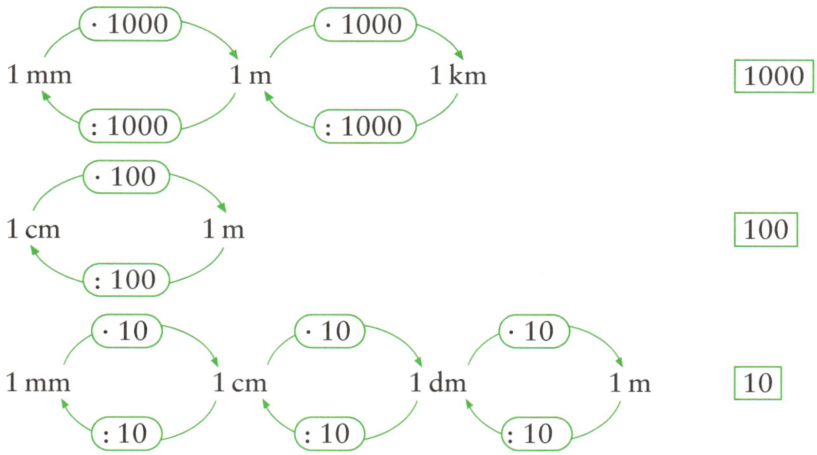

Denk nach!

Die Tuchhändler des Mittelalters verkauften ihre Stoffe nach Ellen (das Meter war damals noch unbekannt). Kam ein Händler aus Österreich nach Preußen, so gab es Probleme, weil die österreichische Elle rund 78 cm, die preußische aber etwa 67 cm lang war.

a) Wie viel cm ist die Elle aus Österreich länger als die aus Preußen?

b) Der österreichische Händler nimmt für eine Elle den gleichen Preis wie sein preußischer Kollege. Wo würdest du kaufen?

c) Du kaufst beim Österreicher 5 Ellen. Wie viel cm Stoff bekommst du mehr als vom preußischen Händler?

Rezept

Wandle 15 km in m um

a) 1 km hat wie viel m?	1 km = 1000 m
b) Welche Umwandlungszahl musst du nehmen?	(· 1000)
c) Wandle um	15 (· 1000) = 15 000
d) Ergebnis	15 km = 15 000 m

Rechne 20 000 m in km um

a) Wie viel m ergeben 1 km?	1000 m = 1 km
b) Wie heißt die Umwandlungszahl?	(: 1000)
c) Wandle um	20 000 (: 1000) = 20
d) Ergebnis	20 000 m = 20 km

Wandle 7 m in cm um

a) 1 m hat wie viel cm?	1 m = 100 cm
b) Umwandlungszahl?	(· 100)
c) Wandle um	7 (· 100) = 700
d) Ergebnis	7 m = 700 cm

Wie viel m sind 800 cm?

a) Wie viele cm ergeben 1 m?	100 cm = 1 m
b) Umwandlungszahl?	(: 100)
c) Wandle um	800 (: 100) = 8
d) Ergebnis	800 cm = 8 m

Rechne 12 dm in cm um

a) 1 dm ergibt wie viel cm?	1 dm = 10 cm
b) Umwandlungszahl?	(· 10)
c) Rechne um	12 (· 10) = 120
d) Ergebnis	12 dm = 120 cm

Rezept

Wie viel dm ergeben 150 cm?

a) Wie viel cm ergeben 1 dm?	10 cm = 1 dm
b) Umwandlungszahl?	(: 10)
c) Rechne um	150 (: 10) = 15
d) Ergebnis	150 cm = 15 dm

Wandle 30 cm in mm um

a) Ein cm umfasst wie viel mm?	1 cm = 10 mm
b) Umwandlungszahl?	(· 10)
c) Rechne um	30 (· 10) = 300
d) Ergebnis	30 cm = 300 mm

Rechne 80 mm in cm um

a) Wie viel mm ergeben 1 cm?	10 mm = 1 cm
b) Umwandlungszahl?	(: 10)
c) Rechne	80 (: 10) = 8
d) Ergebnis	80 mm = 8 cm

9.2 So arbeitest du mit Längen in Kommaschreibweise

Merke

Auch bei Längeneinheiten spielt die Kommaschreibweise eine große Rolle.

Beispiele:	7 km 150 m = 7,150 km	4 m 25 cm = 4,25 m
	250 m = 0,250 km	5 cm = 0,05 m
	5 m 8 dm = 5,8 m	4 cm 5 mm = 4,5 cm

Mit Längen in Kommaschreibweise musst du dich vertraut machen, weil sie in vielen Aufgaben des täglichen Lebens vorkommen. Nur so wirst du fit für ihre Lösungen.

Denk nach!

a) Eine geografische Meile ist 7,421 km lang. Kannst du diese Länge in m und in dm angeben?

b) Eine Seemeile ist dagegen nur 1,852 km lang. Wie viel m ist die geografische Meile länger?

c) Kann man sagen: Eine geografische Meile ist rund 4 mal so lang wie eine Seemeile?

Ist der Rundungsfehler zu groß oder zu klein?

Rezept

5

Schreibe 7 km 150 m mit Komma	
a) Wie viele ganze km sind es?	7 km
b) Welche Zahl gehört vor das Komma?	7
c) Ergebnis	7 km 150 m = 7,150 km

Schreibe 3,5 dm ohne Komma	
a) Wie viele ganze dm sind es?	3 dm
b) Wie viele cm sind es?	5 cm
c) Ergebnis	3,5 dm = 3 dm 5 cm

Rechne 0,750 km in m um	
a) Wie viele ganze km sind es?	0
b) Wie viele m stehen hinter dem Komma?	750 m
c) Wie viele m gibt es also insgesamt?	0 + 750 m = 750 m
d) Ergebnis	0,750 km = 750 m

Wandle 57 m in km um und schreibe es als Kommazahl	
a) An welche Umrechnung musst du denken?	1000 m = 1 km
b) Gibt es hier ganze km?	nein
c) Welche Zahl gehört demnach vor das Komma?	0
d) Gibt es in 57 Hunderter?	nein
e) Welche Zahl muss also unmittelbar nach dem Komma stehen?	0
f) Ergebnis	57 m = 0,057 km

10.1 So arbeitest du mit Zeiten

Merke

Beim Umrechnen von Zeiten ist der Rechenaufwand größer, da die Umrechnungszahl jetzt 60 bzw. 24 ist. Präge dir diese Zusammenhänge ein:

1 Tag (d) = 24 Stunden (h)

1 Stunde = 60 Minuten (min)

1 Minute = 60 Sekunden (s)

Beachte: 3 h 15 min bedeutet: 3 h + 15 min

Häufig muss man Bruchteile einer Zeiteinheit wie $\frac{1}{4}$h, $1\frac{1}{2}$min berechnen. Gehe so vor:

$\frac{1}{4}$h bedeutet: der 4. Teil einer Stunde, also

$\frac{1}{4}$h = 1 h : 4 = 60 min : 4 = 15 min

$1\frac{1}{2}$min bedeutet: 1 min + $\frac{1}{2}$min = 60 s + 30 s = 90 s

So kannst du dir die wichtigen Umrechnungszahlen einprägen:

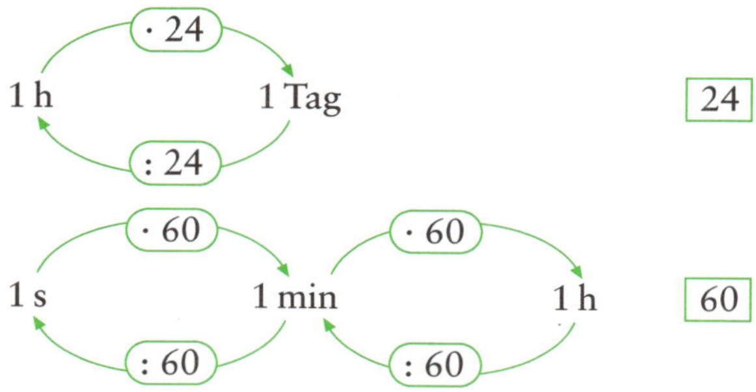

Denk nach!

Du wunderst dich vielleicht darüber, dass man bei den Zeiten 60 und nicht 100 als Umrechnungszahl genommen hat. Das hat historische Gründe.

Das Umrechnen mit 100 wäre einfacher, aber 60 hat auch Vorteile.

a) Bestimme **alle** Teiler von 100. Wie viele sind es?

b) Ermittle **alle** Teiler von 60. Wie viele erhältst du nun?

c) Überlege dir: Hat es Vorteile, wenn eine Zahl sehr viele Teiler hat?

Rezept

5

Rechne 4 Tage in Stunden um

a) An welche Umrechnung musst du denken?	1 Tag = 24 h
b) Umrechnungszahl?	($\cdot$ 24)
c) Rechne um	4 ($\cdot$ 24) = 96
d) Ergebnis	4 Tage = 96 h

Wandle 420 Minuten in Stunden um

a) An welche Umrechnung musst du denken?	60 min = 1 h
b) Umrechnungszahl?	(: 60)
c) Rechne um	420 (: 60) = 7
d) Ergebnis	420 min = 7 h

Wie viele Minuten sind 3 h 20 min?

a) Wandle 3 h in Minuten um	$3 \cdot 60 = 180$ also 3 h = 180 min
b) Wie viele Minuten musst du noch addieren?	20 min
c) Rechne aus	180 min + 20 min = 200 min
d) Ergebnis	3 h 20 min = 200 min

Rechne 325 min in Stunden und Minuten um

a) An welche Umrechnung musst du denken?	60 min = 1 h
b) Umrechnungszahl?	(: 60)
c) Dividiere 325 durch 60	325 (: 60) = 5 Rest 25
d) Wie viele Stunden erhältst du also?	5 h
e) Wie viele Minuten bleiben Rest?	25 min
f) Ergebnis	325 min = 5 h 25 min

5

Rezept

Wandle 520 s in Minuten und Sekunden um

a) An welche Umrechnung musst du denken?	60 s = 1 min
b) Umrechnungszahl?	(: 60)
c) Dividiere 520 durch 60	520 (: 60) = 8 R 40
d) Wie viele Minuten sind es also?	8 min
e) Wie viele Sekunden bleiben Rest?	40 s
f) Ergebnis	520 s = 8 min 40 s

Rechne $\frac{3}{4}$ Stunden in Minuten um

a) An welche Umrechnung musst du denken?	1 h = 60 min
b) Wie groß ist dann $\frac{1}{4}$ h?	60 min : 4 = 15 min
c) Berechne $\frac{3}{4}$ h	15 min · 3 = 45 min
d) Ergebnis	$\frac{3}{4}$ h = 45 min

Wie viele Sekunden sind $5\frac{1}{2}$ min?

a) An welche Umrechnung musst du denken?	1 min = 60 s
b) Wie viele Sekunden sind 5 min?	5 · 60 s = 300 s
c) Berechne $\frac{1}{2}$ min	60 s : 2 = 30 s
d) Wie viele Sekunden sind es nun insgesamt?	300 s + 30 s = 330 s
e) Ergebnis	$5\frac{1}{2}$ min = 330 s

10.2 Zeitpunkte und Zeitspannen

Merke

Beim Rechnen mit Zeiten musst du **Zeitpunkte** und **Zeitspannen** auseinander halten.

Der Film beginnt um 10.30 Uhr. Er dauert 1 h 45 min.

10.30 Uhr ist ein **Zeitpunkt**, 1 h 45 min dagegen eine **Zeitspanne**.

Die hier anfallenden Aufgaben sind nicht ganz leicht, weil du Zeitpunkte und Zeitspannen miteinander verknüpfen musst. Es gibt zwei Aufgabentypen:

I. Berechnung eines Zeitpunktes

Merke

Ein Film beginnt um 10.30 Uhr. Er dauert 145 Minuten. Wann ist er zu Ende?

So rechnest du diese Aufgabe am besten:

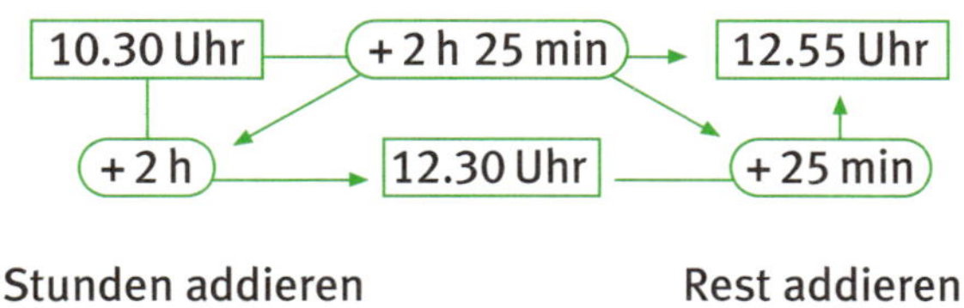

II. Berechnung einer Zeitspanne

Merke

Die Fernsehübertragung dauerte von 14.30 Uhr bis 17.10 Uhr. Wie lang war sie?

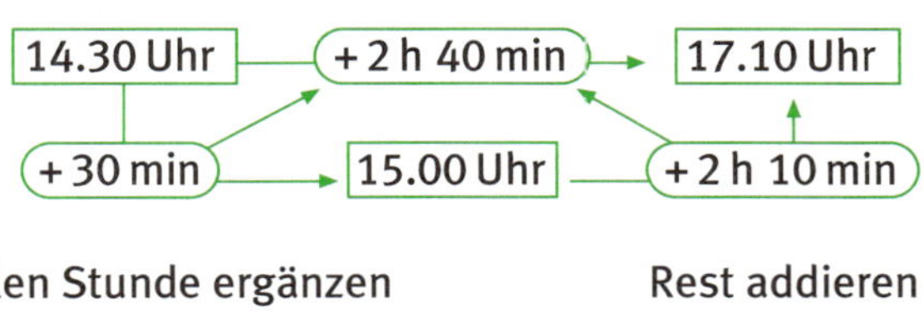

Rezept

Es ist 12.15 Uhr. Wie spät war es vor 5 Stunden?

a) Wie heißt die Aufgabe, die du rechnen musst?	12.15 Uhr – 5 h
b) Verrechne die vollen Stunden	12 h – 5 h = 7 h
c) Schreibe wieder einen Zeitpunkt	7.15
d) Ergebnis	12.15 Uhr – 5 h → 7 Uhr 15

Es ist 6.40 Uhr. Wie spät ist es nach 3 h 50 min?

a) Wie heißt die Aufgabe, die du rechnen musst?	6.40 Uhr + 3 h 50 min
b) Verrechne die vollen Stunden	6 h + 3 h = 9 h
c) Schreibe wieder einen Zeitpunkt	9.40 Uhr
d) Schreibe die nächste Teilaufgabe	9.40 Uhr + 50 min
e) Ergänze zur vollen Stunde	9.40 Uhr + 20 min → 10.00 Uhr
f) Addiere den Rest	10.00 Uhr + 30 min → 10.30 Uhr
g) Ergebnis	6.40 Uhr + 3 h 50 min → 10.30 Uhr

Welche Zeit ist von 7.45 Uhr bis 14.05 Uhr vergangen?

a) Ergänze zur nächsten vollen Stunde	7.45 Uhr + 15 min → 8.00 Uhr
b) Ergänze bis 14.05 Uhr	8.00 Uhr + 6 h 5 min → 14.05 Uhr
c) Um welche Zeitspannen musstest du ergänzen?	15 min + 6 h 5 min
d) Addiere sie	15 min + 6 h 5 min = 6 h 20 min
e) Ergebnis	Es sind 6 h 20 min vergangen.

11.1 So addierst und subtrahierst du Größen

Merke

Beim Addieren und Subtrahieren von Größen musst du darauf achten, ob alle Größen der Aufgabe die gleiche Benennung haben, also beispielsweise bei Gewichten alle kg oder alle t oder alle g.

Ist das nicht der Fall, so musst du sie verwandeln. Sind die Größen als Kommazahlen gegeben, musst du sie so notieren, dass **Komma unter Komma** steht.

Du kannst das Rechnen mit Kommazahlen vermeiden, indem du alle Größen in solche ohne Komma verwandelst, also z. B.

7,25 m = 725 cm

Denk nach!

Hier sind beim Rechnen Ziffern verloren gegangen. Kannst du sie ergänzen?

a)
  _,45 m
+ 1,_6 m
+ _4,0_ m
―――――――
  18,51 m

b)
  7,1_5 kg
− _,_4_ kg
―――――――
  0,584 kg

Rezept

Rechne 125 € + 7,42 € + 95 ct

a) Besitzen alle Größen die gleiche Benennung?	nein
b) Wandle den entsprechenden Wert um	95 ct = 0,95 €
c) Sind alle Größen Kommazahlen?	nein
d) Schreibe den entsprechenden Wert als Kommazahl	125 € = 125,00 €
e) Ordne die Größen so an, dass Komma unter Komma steht	125,00 € 7,42 € 0,95 €
f) Addiere	125,00 € + 7,42 € + 0,95 € 133,37 €
g) Ergebnis	125 € + 7,42 € + 95 ct = = 133,37 €

Rechne 141 € – 19,30 € – 0,88 €

a) Haben alle Größen die gleiche Benennung?	ja
b) Sind es alle Kommazahlen?	nein
c) Schreibe die entsprechende Größe als Kommazahl	141 € = 141,00 €
d) Ordne die Größen so an, dass Komma unter Komma steht	141,00 € 19,30 € 0,88 €
e) Subtrahiere	141,00 € – 19,30 € – 0,88 € 120,82 €
f) Ergebnis	141 € – 19,30 € – 0,88 € = = 120,82 €

Rezept

Rechne 3,75 m + 49 m + 15,38 m

a) Haben alle Größen die gleiche Benennung?	ja
b) Sind alle Kommazahlen?	nein
c) Schreibe die Größe als Kommazahl	49 m = 49,00 m
d) Ordne die Werte so an, dass Komma unter Komma steht	3,75 m 49,00 m 15,38 m
e) Addiere	3,75 m + 49,00 m + 15,38 m 68,13 m
f) Ergebnis	3,75 m + 49 m + 15,38 m = 68,13 m

Rechne 28,731 kg – 925 g – 7,500 kg

a) Besitzen alle Größen die gleiche Benennung?	nein
b) Ändere es	925 g = 0,925 kg
c) Sind alle Größen jetzt Kommazahlen?	ja
d) Ordne die Größen nach Komma unter Komma an	28,731 kg 0,925 kg 7,500 kg
e) Subtrahiere	28,731 kg – 0,925 kg – 7,500 kg 20,306 kg
f) Ergebnis	28,731 kg – 925 g – 7,500 kg = = 20,306 kg

5

11.2 So multiplizierst und dividierst du Größen

Merke

Multiplizieren und Dividieren von Kommazahlen:

Kommazahlen in Größen ohne Komma verwandeln – Rechnung ausführen – Komma wieder einsetzen.

Beispiele:

4,35 € · 4
435 ct · 4
1740 ct = 17,40 €

21,48 m : 4
2148 cm : 4 = 537 cm = 5,37 m
20
14
12
28
28
0

Division von Größen, die erst nach dem Umwandeln aufgehen:

17 € : 4 Division geht scheinbar nicht auf

1700 ct : 4 = 425 ct = 4,25 €
16
10
8
20
20
0

Denke beim Multiplizieren und Dividieren an Rechenkontrollen. Du kannst jede Multiplikation durch eine Division und umgekehrt überprüfen. Bloßes Nachrechnen ist meist nicht so wirksam.

Denk nach!

Immer wieder gehen Ziffern verloren!

Finde sie und füge sie ein.

a) 3_26 m · _
_ 1882 m

b) 17_24 kg · 8
_3859_ kg

Rezept

2,704 km · 8

a) Verwandle in eine Größe ohne Komma	2,704 km = 2704 m
b) Multipliziere	2704 m · 8 21632 m
c) Schreibe als Kommazahl	21632 m = 21,632 km
d) Ergebnis	2,704 km · 8 = 21,632 km

9,352 kg : 4

a) Größe in eine ohne Komma verwandeln	9,352 kg = 9352 g
b) Dividiere	9352 g : 4 = 2338 g
c) Schreibe als Kommazahl	2338 g = 2,338 kg
d) Ergebnis	9,352 kg : 4 = 2,338 kg

39 m : 4

a) Kannst du diese Größe ohne Rest teilen?	nein
b) Verwandle sie in cm	39 m = 3900 cm
c) Dividiere	3900 cm : 4 = 975 cm
d) Schreibe als Kommazahl	975 cm = 9,75 m
e) Ergebnis	39 m : 4 = 9,75 m

11.3 So arbeitest du mit Zuordnungen

5

Merke

Wie du vom Einkaufen weißt, sind Waren und Preise einander zugeordnet. Je mehr du kaufst, desto höher ist der Preis. Man kann diesen Zusammenhang in Preistabellen erfassen.

1 kg Äpfel kostet 3,50 €

kg	1	2
€	3,50	7,00

(·2 von 1 nach 2 und von 3,50 nach 7,00)

In vielen Aufgaben sucht man den Preis, den 1 kg kostet. Dann rechnest du so:

6 kg Äpfel kosten 15 €

kg	6	1
€	15	2,50

(:6 von 6 nach 1 und von 15 nach 2,50)

Viele Sachaufgaben sind solche Zuordnungen. Es ist nützlich, wenn du mit ihnen umgehen kannst.

Denk nach!

a) Ein Ei kostet 15 ct. Wie teuer sind 5 Eier?

b) In vier Minuten kochst du ein Ei weich.

Wie viele Minuten brauchst du dann für 5 Eier?

c) Timo hat für fünf weich gekochte Eier 20 Minuten gebraucht. Wie hat er das gemacht?

1 m Stoff kostet 12,50 €.
Wie teuer sind 3 m?

a) Lege dir eine Preistabelle an und trage die gegebenen Werte ein

m	1	3
€	12,50	

b) Wie schließt du von 1 m auf 3 m? Trage es in die Tabelle ein

$\cdot 3$ (1 → 3)

m	1	3
€	12,50	

$\cdot 3$ (12,50 →)

c) Errechne den fehlenden Wert

12,50 € · 3 = **37,50 €**

$\cdot 3$ (1 → 3)

m	1	3
€	12,50	**37,50**

$\cdot 3$ (12,50 → 37,50)

d) Ergebnis

3 m Stoff kosten **37,50 €**.

5 kg Äpfel kosten 11,25 €.
Wie teuer ist 1 kg?

a) Lege dir eine Preistabelle an und trage die gegebenen Werte ein

kg	5	1
€	11,25	

b) Wie schließt du von 5 kg auf 1 kg? Trage es in die Tabelle ein

$:5$ (5 → 1)

kg	5	1
€	11,25	

$:5$ (11,25 →)

c) Berechne den fehlenden Wert

11,25 € : 5 = **2,25 €**

$:5$ (5 → 1)

kg	5	1
€	11,25	**2,25**

$:5$ (11,25 → 2,25)

d) Ergebnis

1 kg Äpfel kostet **2,25 €**.

12.1 Senkrecht und parallel

Merke

So zeichnest du zu einer Geraden g die Senkrechte h unter Verwendung des Geodreiecks:

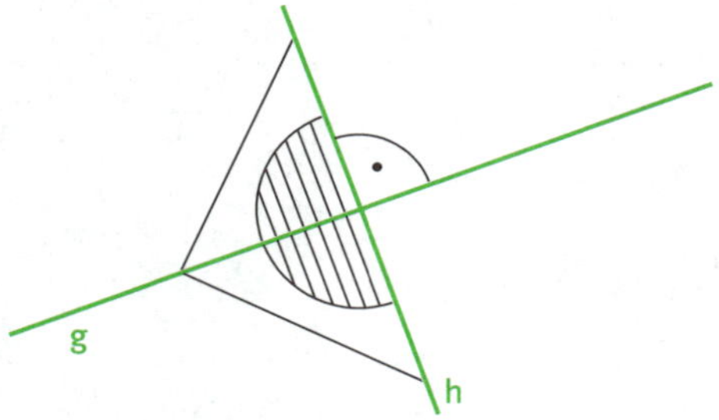

Man sagt: h steht senkrecht auf g, weil g und h miteinander rechte Winkel bilden. Für „h senkrecht auf g" schreibt man h ⊥ g, rechte Winkel kennzeichnet man durch ⦜.

So kannst du zur Gerade g die Parallele h zeichnen:

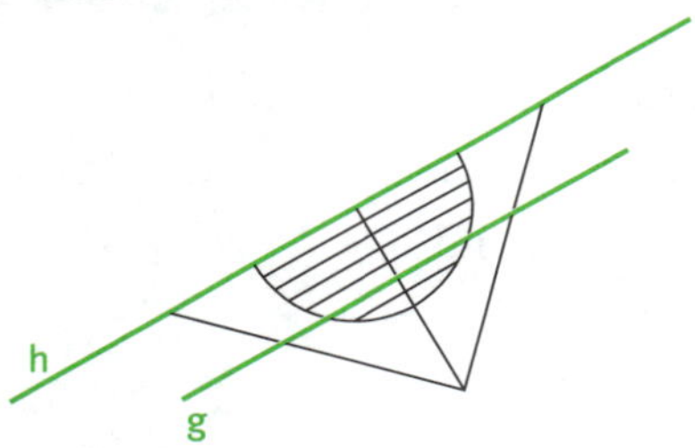

Parallele Geraden haben überall den gleichen Abstand. Sie besitzen keinen gemeinsamen Schnittpunkt. Für „g ist parallel zu h" schreibt man g ∥ h.

Das Geodreieck ist ein wichtiges Hilfsmittel für viele Grundkonstruktionen. Du solltest viel mit ihm arbeiten, um Sicherheit mit ihm zu erwerben.

Denk nach!

Lege zu jeder Aufgabe eine Skizze an.

a) g steht auf h senkrecht und h steht auf k senkrecht. Gilt dann auch g ⊥ k?

b) g ∥ h und h ∥ k. Muss dann auch g ∥ k gelten?

Zeichne zu g eine Senkrechte, die durch einen Punkt P geht, der außerhalb von g liegt.

Rezept

5

a) Ausgangslage der Aufgabe

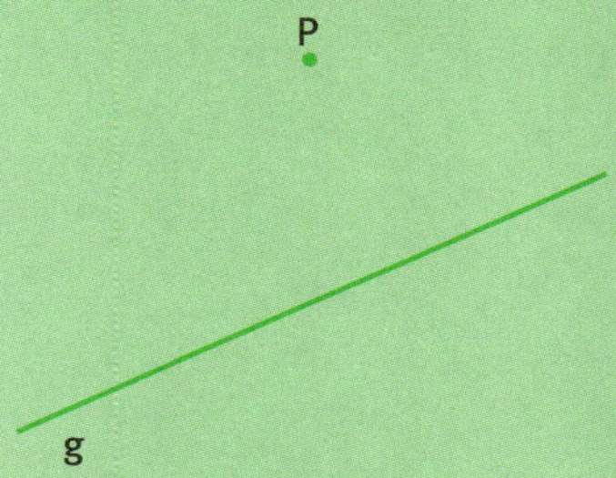

b) Lege dein Geodreieck so an, dass seine Grundseite durch P geht

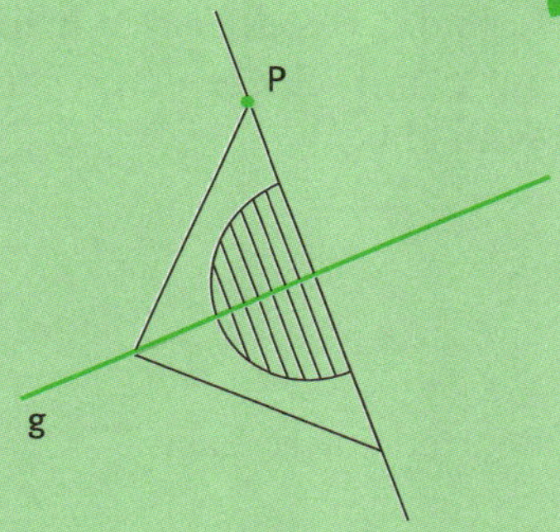

c) Zeichne die Senkrechte h ein

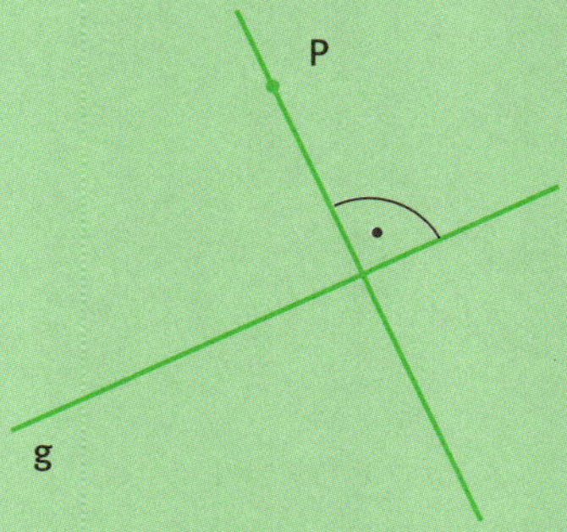

Kontrolliere, ob die beiden Geraden g und h hier senkrecht aufeinander stehen

a) Ausgangslage der Aufgabe

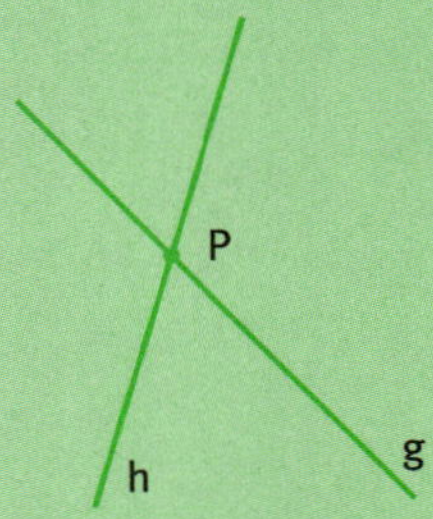

b) Lege das Geodreieck mit einer Seite auf g und schiebe den rechten Winkel bis P

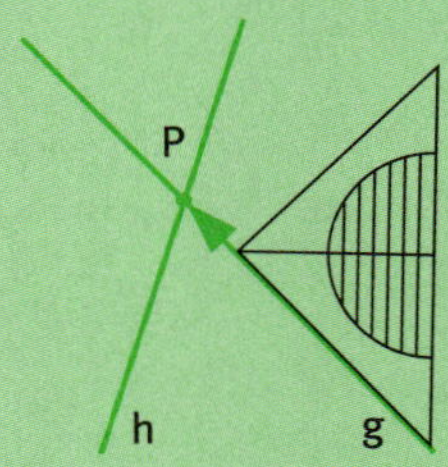

c) Beurteile diese Lage

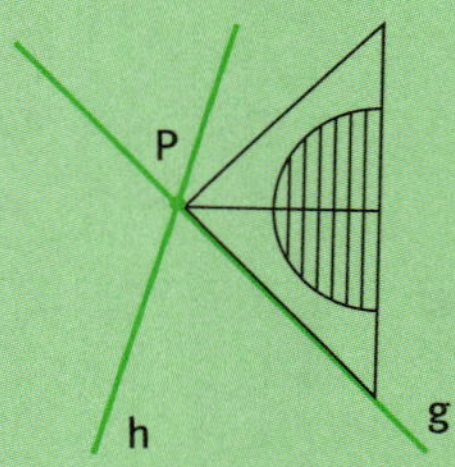

d) Ergebnis

Die Geraden g und h stehen hier nicht senkrecht aufeinander.

Konstruiere zu g eine Parallele h

a) Ausgangslage der Aufgabe

b) Lege dein Geodreieck so an

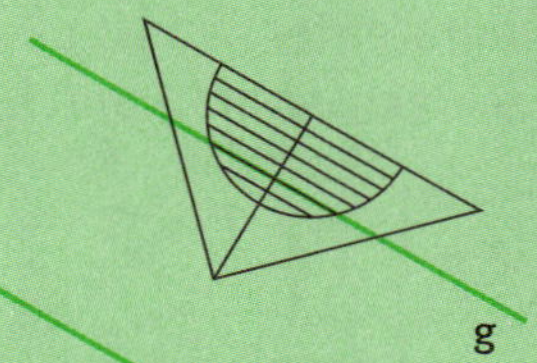

c) Zeichne h

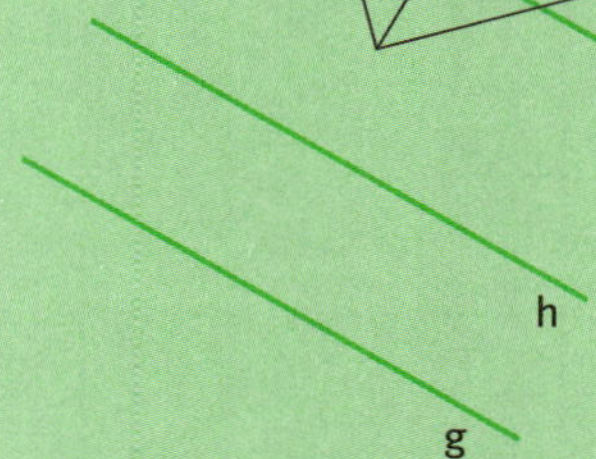

Verlaufen die Geraden g und h zueinander parallel?

a) Ausgangslage der Aufgabe

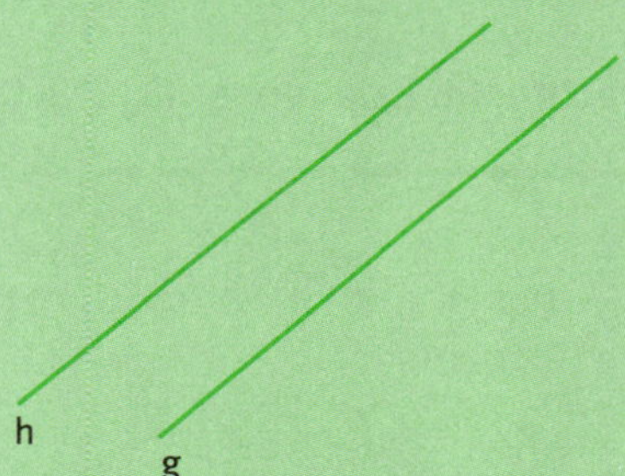

b) Lege dein Geodreieck so an

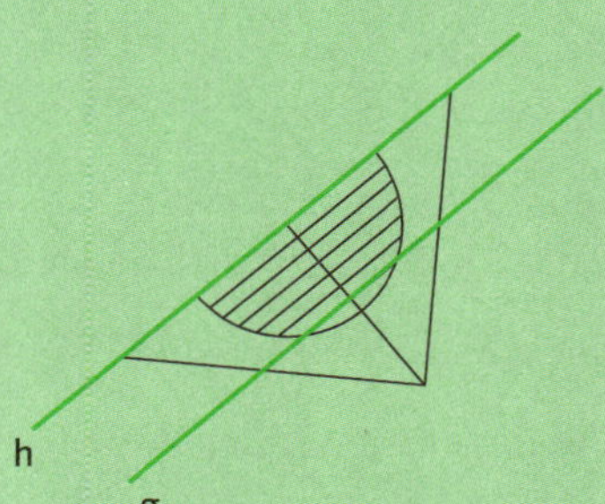

c) Fällt jetzt die Grundseite des Geodreiecks genau auf h? — ja

d) Ergebnis — g und h laufen zueinander parallel

12.2 So arbeitest du im Quadratgitter

Merke

Im Quadratgitter kannst du die Lage des Punktes A durch die beiden Koordinaten **Rechtswert** 5 und **Hochwert** 3 angeben. Man schreibt A (5 | 3).

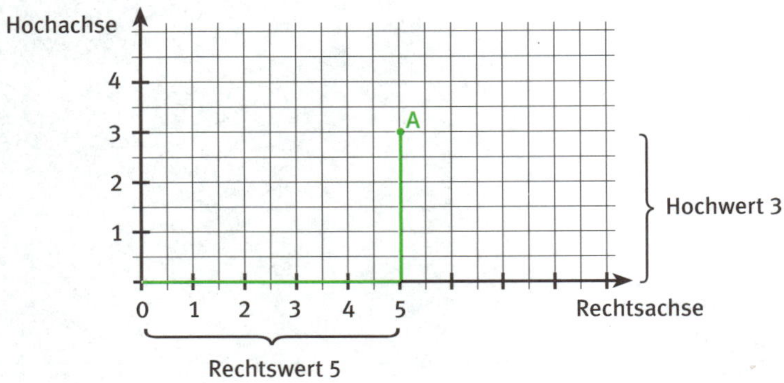

Beachte: Im Zahlenpaar (5 | 3) ist der **erste Wert** stets der **Rechtswert**.

Beim Arbeiten mit Quadratgittern verwendest du am besten die Quadratgitter deines Rechenheftes.

Denk nach!

a) Für welche Punkte im Quadratgitter darfst du die Koordinaten vertauschen?

b) Stelle dir vor, du zeichnest eine Verbindungslinie, die durch alle diese Punkte geht. Kannst du ihre Lage beschreiben?

c) Zeichne die Punkte A (1 | 3) und B (3 | 1).

Wie liegen sie zu der in b) betrachteten Verbindungslinie?

Rezept

5

Lies für A die Koordinaten ab

a) Ausgangslage der Aufgabe

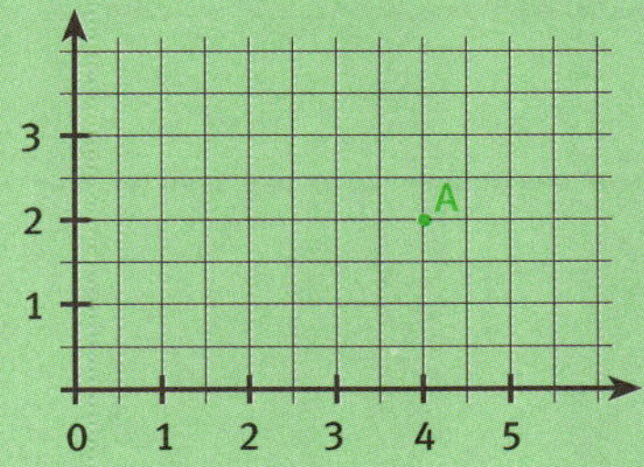

b) Wie viele Einheiten sind es auf der Rechtsachse? 4

c) Wie viele sind es auf der Hochachse? 2

d) Ergebnis A (4 | 2)

Trage den Punkt A (3 | 1) in ein Koordinatensystem ein

a) Ausgangslage der Aufgabe

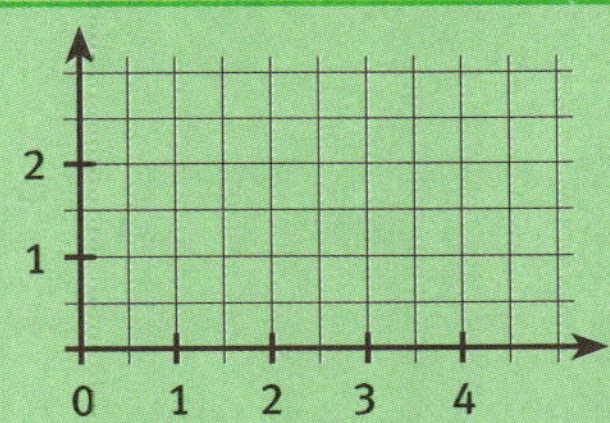

b) Wie viele Einheiten musst du nach rechts gehen? 3

c) Wie viele nach oben? 1

d) Ergebnis

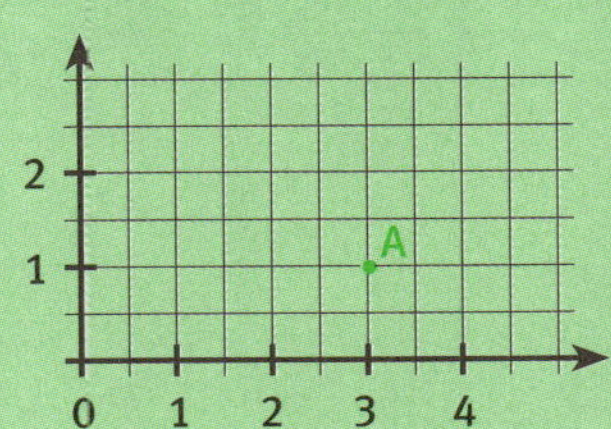

12.3 Achsensymmetrische Figuren

Merke

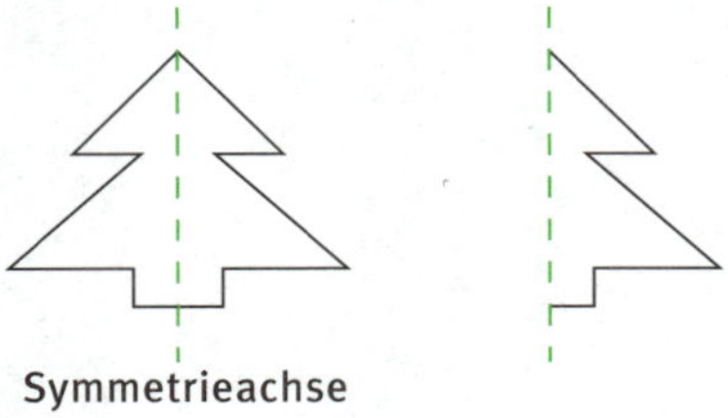

Solche Figuren (wie dieser Baum), deren beide Teile sich durch Falten an der Faltachse zur Deckung bringen lassen, heißen **achsensymmetrische Figuren.** Die Faltachse heißt **Symmetrieachse** oder auch Spiegelachse.

Neben den achsensymmetrischen Figuren wirst du im nächsten Schuljahr auch solche Figuren kennen lernen, die durch Drehung um sich zur Deckung gebracht werden können. Sie sind dann drehsymmetrisch.

Denk nach!

Viele unserer großen Druckbuchstaben sind achsensymmetrisch. Manche besitzen sogar mehr als eine Symmetrieachse.

a) Zeichne hier jeweils sämtliche Symmetrieachsen ein.

A B C D E F G H I K L O

b) Sortiere die Buchstaben nach Anzahl der Symmetrieachsen:

0 ____________ 1 ____________ 2 ____________

Ist diese Figur achsensymmetrisch? Zeichne ihre Symmetrieachse ein

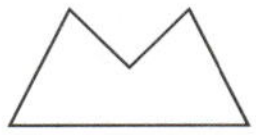

a) Ausgangslage der Aufgabe

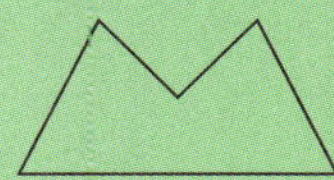

b) Zeichne eine Gerade ein, die Symmetrieachse sein könnte

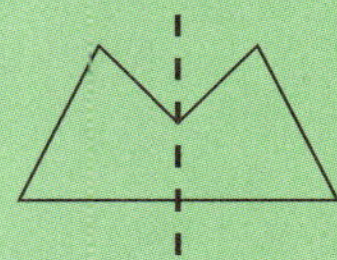

c) Versuche, in Gedanken die Figur an der Geraden zu falten. Passen beide Teile aufeinander?

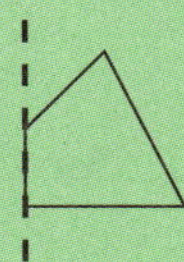

ja

d) Ist diese Gerade also Symmetrieachse?

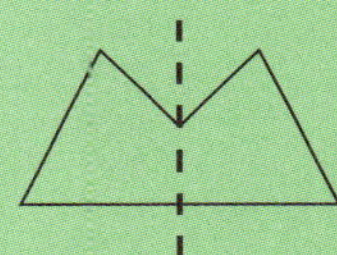

ja

e) Ergebnis

Die Figur ist achsensymmetrisch.

Ist diese Gerade Symmetrieachse?

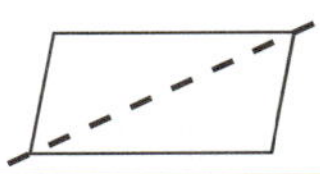

a) Ausgangslage der Aufgabe

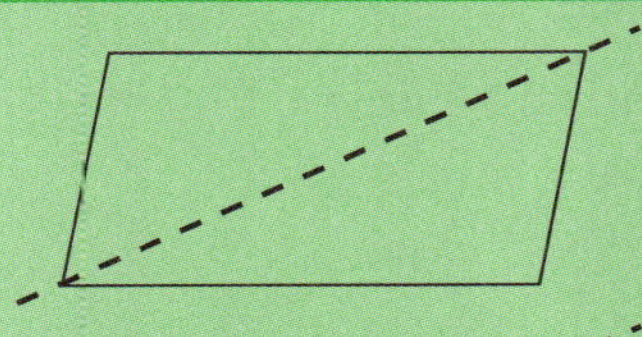

b) Falte die Figur in Gedanken an der Geraden

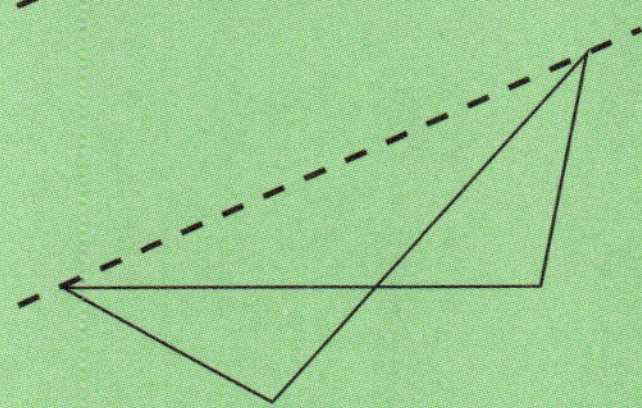

c) Fallen die Teile der Figur aufeinander?

nein

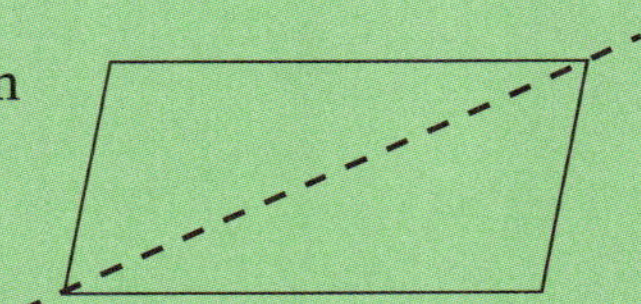

d) Ergebnis

Die Gerade ist keine Symmetrieachse.

Rezept

Ergänze eine Figur im Quadratgitter zu einer symmetrischen Figur

a) Ausgangslage der Aufgabe

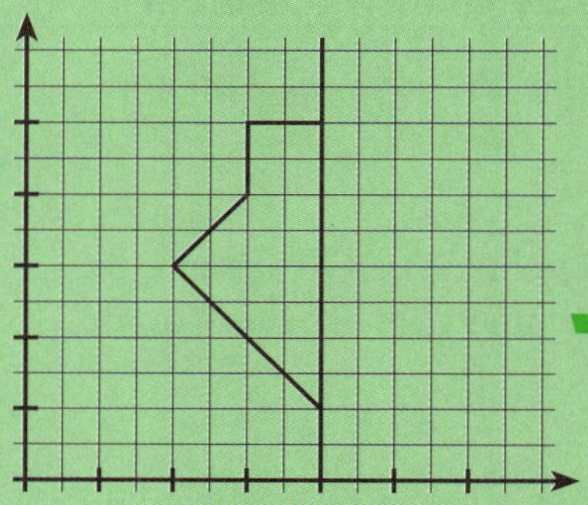

b) Übertrage Punkt für Punkt der Figur auf die andere Seite der Achse im gleichen Abstand

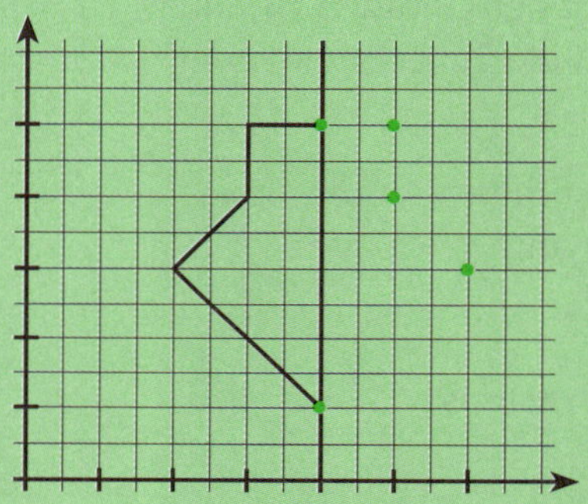

c) Verbinde die Punkte. Ergebnis

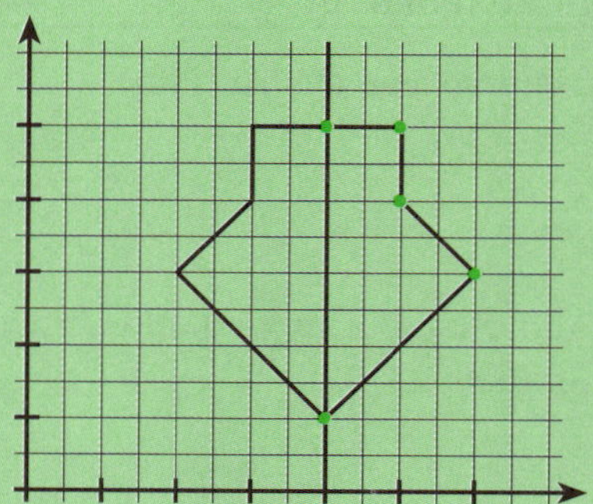

13.1 So arbeitest du mit Flächenmaßen

Merke

Für Flächenberechnungen musst du diese Flächenmaße kennen:

1 m^2	→	1 m lang,	1 m breit
1 Ar = 1 a	→	10 m lang,	10 m breit
1 Hektar = 1 ha	→	100 m lang,	100 m breit
1 km^2	→	1000 m lang,	1000 m breit

So lassen sich die Flächenmaße ineinander umrechnen:

1 km^2 = 100 ha
1 ha = 100 a
1 a = 100 m^2

Für kleine Flächen sind diese Flächeneinheiten vorgesehen:

1 m^2	→	100 cm lang,	100 cm breit
1 dm^2	→	10 cm lang,	10 cm breit
1 cm^2	→	1 cm lang,	1 cm breit
1 mm^2	→	1 mm lang,	1 mm breit

Diese Umrechnungen der Flächenmaße musst du kennen:

1 m^2 = 100 dm^2
1 dm^2 = 100 cm^2
1 cm^2 = 100 mm^2
1 m^2 = 10 000 cm^2

Unsere Flächenmaße beziehen sich auf die entsprechenden Längenmaße. Es ist daher für das Rechnen mit den Flächenmaßen nützlich, wenn du dir zu jeder Flächeneinheit klar machst, welches Quadrat mit den entsprechenden Längen gemeint ist.

Denk nach!

Viele ältere Landwirte verwenden als Flächenmaßeinheit für ihren Acker „Morgen“. Es gilt: 4 Morgen = 1 Hektar.

a) Rechne um: 1 Morgen in a; 1 Morgen in m^2

b) Der Landwirt Faber bearbeitet 236 Morgen. Wie viel ha sind das?

c) Rechne 120 ha in Morgen um.

Rezept

Rechne 12 a in m^2 um

a) An welche Umrechnung musst du denken?	1 a = 100 m^2
b) Umrechnungszahl?	(· 100)
c) Rechne	12 (· 100) = 1200
d) Ergebnis	12 a = 1200 m^2

Verwandle 2500 ha in km^2

a) An welche Umrechnung musst du denken?	100 ha = 1 km^2
b) Umrechnungszahl?	(: 100)
c) Rechne	2500 (: 100) = 25
d) Ergebnis	2500 ha = 25 km^2

Rechne 27 cm^2 in mm^2 um

a) An welche Umrechnung musst du denken?	1 cm^2 = 100 mm^2
b) Umrechnungszahl?	(· 100)
c) Rechne	27 (· 100) = 2700
d) Ergebnis	27 cm^2 = 2700 mm^2

Verwandle 1800 dm^2 in m^2

a) An welche Umrechnung musst du denken?	100 dm^2 = 1 m^2
b) Umrechnungszahl?	(: 100)
c) Rechnung	1800 (: 100) = 18
d) Ergebnis	1800 dm^2 = 18 m^2

14.1 So berechnest du Flächeninhalt und Umfang

Merke

So berechnest du die **Flächeninhalte** von Rechteck und Quadrat:

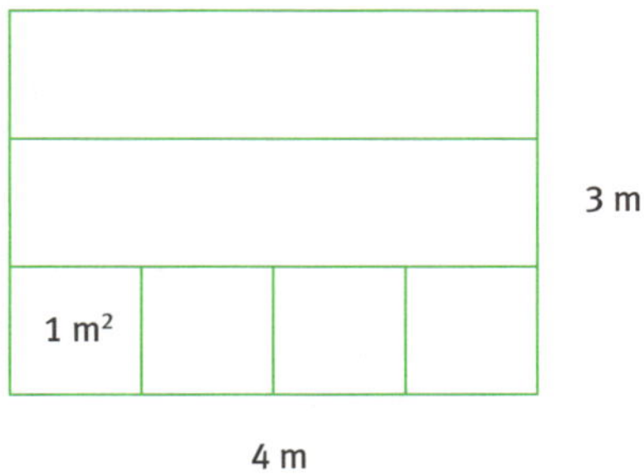

Größe des Grundstreifens	·	Anzahl der Grundstreifen	=	Flächeninhalt
$4\ m^2$	·	3	=	$12\ m^2$

Die Summe **aller** Seiten eines Rechtecks (Quadrates) ergibt den **Umfang** der betreffenden Figur.

Beim Berechnen von Flächeninhalt und Umfang musst du immer darauf achten, dass die Seitenlängen der Figuren jeweils in der gleichen Maßeinheit gegeben sind.

Denk nach!

Du hast 16 quadratische Betonplatten, von denen jede $1\ m^2$ groß ist.

Du kannst sie zu rechteckigen bzw. quadratischen Flächen zusammenlegen

a) Welche Möglichkeiten gibt es? Gib von jeder Länge und Breite an.

b) Was kannst du über ihre Flächeninhalte aussagen?

c) Bestimme ihre Umfänge. Was stellst du fest?

5

Rezept

Wie groß ist der Flächeninhalt eines Rechtecks, das 54 cm lang und 3 dm breit ist?

a) Haben beide Seiten die gleiche Maßeinheit?	nein
b) Verwandle dm in cm	3 dm = 30 cm
c) Größe des Grundstreifens	$54\,cm^2$
d) Anzahl der Grundstreifen	30
e) Flächeninhalt	$54\,cm^2 \cdot 30 = 1620\,cm^2$
f) Ergebnis	Der Flächeninhalt beträgt $1620\,cm^2$.

Berechne den Umfang eines Rechtecks, das 80 m lang und 25 m breit ist

a) Haben beide Seiten die gleiche Maßeinheit?	ja
b) Addiere sämtliche Seiten des Rechtecks	80 m + 25 m + 80 m + 25 m = = 210 m
c) Ergebnis	Der Umfang beträgt 210 m.

14.2 So löst du Anwendungsaufgaben

Merke

Bei vielen Aufgaben musst du dir erst überlegen, ob du den Flächeninhalt oder den Umfang oder gar beides berechnen musst. Es gibt Signalwörter im Aufgabentext, die dir das Verraten:

	Umfang		Flächeninhalt
	Länge des Randes, des Zaunes, des Rahmens usw.		**Größe** des Grundstücks, des Zimmers, des Beetes usw.
oder:	**Wie lang ist** der Rand, der Zaun usw.	oder:	**Wie groß ist** das Grundstück, das Beet usw.

Achte auch hier wieder darauf, dass alle Größen jeweils die gleiche Maßeinheit besitzen.

Denk nach!

Du hast ein 16 m langes Seil und 4 Pflöcke.

Die Pflöcke schlägst du so in den Boden, dass durch das Seil eine rechteckige oder quadratische Fläche aufgespannt wird.

Etwa so:

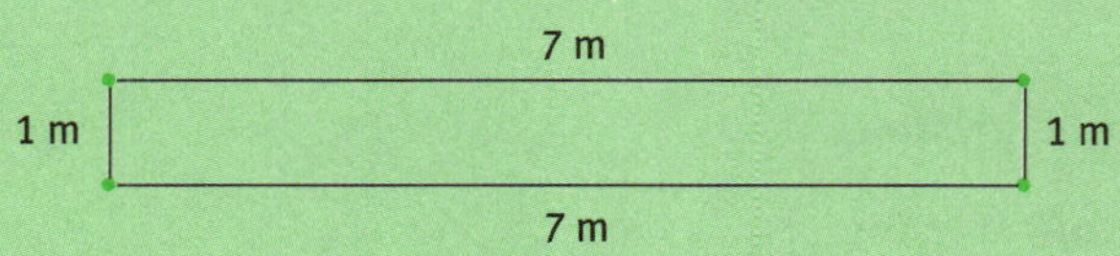

Die Seiten sollen stets ganzzahlig sein.

a) Wie viele Flächen kannst du aufspannen?

b) Was kannst du über ihre Umfänge aussagen?

c) Bestimme ihre Flächeninhalte.

d) Welche Fläche hat den größten Flächeninhalt?

Eine Weide, die 90 m lang und 30 m breit ist, soll eingezäunt werden. Wie lang ist der Zaun?

a) Haben alle Seiten die gleiche Maßeinheit	ja
b) Was musst du berechnen, Flächeninhalt oder Umfang?	Zaunlänge → Umfang
c) Wie berechnet man den Umfang?	Addieren sämtlicher Seiten
d) Rechne	90 m + 30 m + 90 m + 30 m = 240 m
e) Ergebnis	Der Zaun ist 240 m lang.

Ein Gartenbeet ist 8 m lang und 75 cm breit. Wie groß ist es?

a) Haben alle Seiten die gleiche Maßeinheit	nein
b) Verwandle die m in cm um	8 m = 800 cm
c) Was musst du berechnen, Flächeninhalt oder Umfang?	Größe → Flächeninhalt
d) Wie berechnet man den Flächeninhalt?	Größe des Grundstreifens mal Anzahl der Grundstreifen
e) Größe des Grundstreifens	$800\,cm^2$
f) Anzahl der Grundstreifen	75
g) Flächeninhalt	$800\,cm^2 \cdot 75 = 60\,000\,cm^2$
h) Wandle in m^2 um	$60\,000\,cm^2 = 6\,m^2$
i) Ergebnis	Das Beet ist $6\,m^2$ groß.

15.1 So berechnest du den Rauminhalt

Merke

Die Anzahl der Einheitswürfel, die in einen Quader passen, ist ein Maß für seinen Rauminhalt (Volumen):

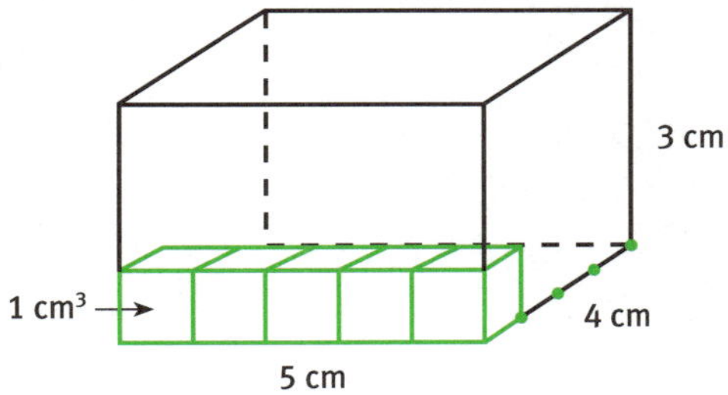

5 cm lange Stange
$5\ cm^3$

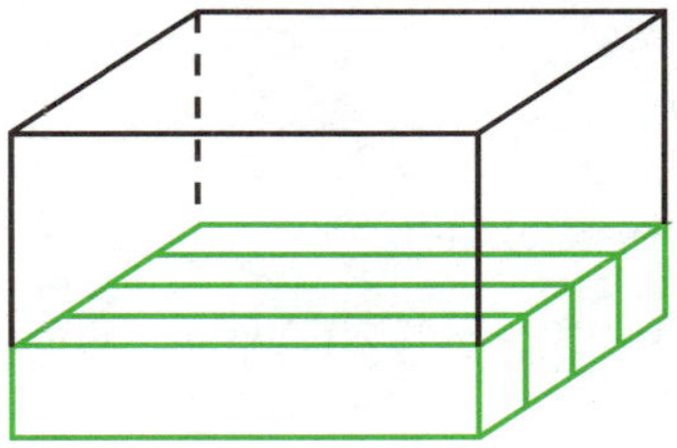

4 Stangen bilden eine Schicht
$5\ cm^3 \cdot 4$

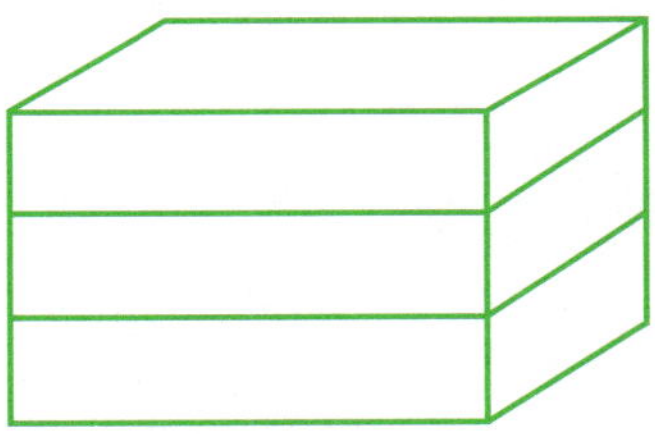

3 Schichten füllen den Quader
$5\ cm^3 \cdot 4 \cdot 3$

Rauminhaltsformel:

Rauminhalt einer Stange	·	Anzahl der Stangen in einer Schicht	·	Anzahl der Schichten	=	Rauminhalt des Quaders
$5\ cm^3$	·	4	·	3	=	$60\ cm^3$

Auch beim Ermitteln von Rauminhalten musst du darauf achten, dass alle Seiten des Quaders die gleichen Maßeinheiten besitzen.

Denk nach!

Berechne von diesen drei Quadern das Volumen:

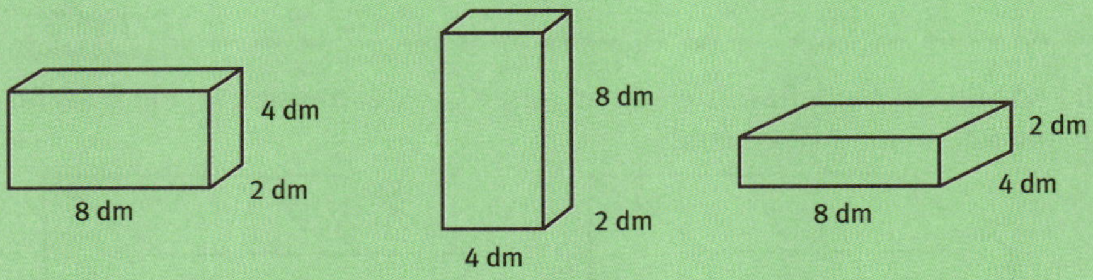

Was stellst du fest?

Hast du dafür eine Erklärung?

Rezept

Wie groß ist das Volumen eines Quaders, der 12 dm lang, 30 cm breit und 5 dm hoch ist?

a) Haben alle Seiten die gleichen Maßeinheiten?	nein
b) Verwandle die cm in dm	30 cm = 3 dm
c) Rauminhalt einer Stange	$12\,dm^3$
d) Anzahl der Stangen	3
e) Anzahl der Schichten	5
f) Volumen	$12\,dm^3 \cdot 3 \cdot 5 = 180\,dm^3$
g) Ergebnis	Das Volumen beträgt $180\,dm^3$.

15.2 So rechnest du mit den Volumenmaßen

Merke

Diese Volumenmaße verwendet man:

$1\,m^3$ → 1 m lang, 1 m breit, 1 m hoch

$1\,dm^3$ → 1 dm lang, 1 dm breit, 1 dm hoch

$1\,cm^3$ → 1 cm lang, 1 cm breit, 1 cm hoch

$1\,mm^3$ → 1 mm lang, 1 mm breit, 1 mm hoch

So werden sie umgerechnet:

$1\,m^3 = 1000\,dm^3$

$1\,dm^3 = 1000\,cm^3$

$1\,cm^3 = 1000\,mm^3$

Flüssigkeiten (Milch, Wein, Benzin) werden meist in Litern (*l*) bzw. Millilitern (*ml*) gemessen.

$1\,dm^3 = 1\,l$

$1\,cm^3 = 1\,ml$

$1\,l = 1000\,ml$

Für das Arbeiten mit Volumenmaßen ist es nützlich, wenn du jeweils weißt, welche Abmessungen die entsprechenden Würfel besitzen. Daraus lässt sich leicht die entsprechende Umrechnungszahl ermitteln.

Denk nach!

90 Granitwürfel liegen auf einem Haufen. Die Kantenlänge der Würfel beträgt 1 dm.

Du sollst die Würfel zu einem Quader aufschichten.

Das geht z. B. so: 6 dm lang, 3 dm breit, 5 dm hoch.

a) Überzeuge dich, dass es auch $90\,dm^3$ sind.

b) Könntest du die Steine auch anders schichten?

Suche möglichst viele Lösungen.

5

Rezept

Verwandle 25 m^3 in dm^3

a) An welche Umrechnung musst du denken?	$1\ m^3 = 1000\ dm^3$
b) Umwandlungszahl?	$(\cdot\ 1000)$
c) Rechnung	$25\ (\cdot\ 1000) = 25\,000$
d) Ergebnis	$25\ m^3 = 25\,000\ dm^3$

Rechne 50 000 mm^3 in cm^3 um

a) An welche Umrechnung musst du denken?	$1000\ mm^3 = 1\ cm^3$
b) Umwandlungszahl?	$(:\ 1000)$
c) Rechnung	$50\,000\ (:\ 1000) = 50$
d) Ergebnis	$50\,000\ mm^3 = 50\ cm^3$

Wie viel *l* sind 17 dm^3?

a) An welche Umrechnung musst du denken?	$1\ dm^3 = 1\ l$
b) Umwandlungszahl?	$(\cdot\ 1)$
c) Ergebnis	$17\ dm^3 = 17\ l$

Wie viel cm^3 ergeben 200 *ml*?

a) An welche Umrechnung musst du denken?	$1\ ml = 1\ cm^3$
b) Umrechnungszahl?	$(\cdot\ 1)$
c) Ergebnis	$200\ ml = 200\ cm^3$

Rechne 8 *l* in *ml* um

a) An welche Umrechnung musst du denken?	$1\ l = 1000\ ml$
b) Umrechnungszahl?	$(\cdot\ 1000)$
c) Rechnung	$8\ (\cdot\ 1000) = 8000$
d) Ergebnis	$8\ l = 8000\ ml$

15.3 So löst du angewandte Aufgaben

Merke

In manchen angewandten Aufgaben musst du das Volumen von Quadern und Würfeln berechnen. Das kannst du nur, wenn die gegebenen Seiten alle die gleiche Maßeinheit besitzen. Notfalls musst du erst die Seitenlängen umwandeln.

Oft soll das Volumen in *l* angegeben werden. Dann musst du die Umrechnung 1 dm^3 = 1 *l* bzw. 1 cm^3 = 1 *ml* anwenden.

Denk nach!

Die Rauminhalte von Quadern und Würfeln lassen sich gut berechnen. Viele Körper sind aber nicht so regelmäßig gebaut. Kann man ihr Volumen auch bestimmen?

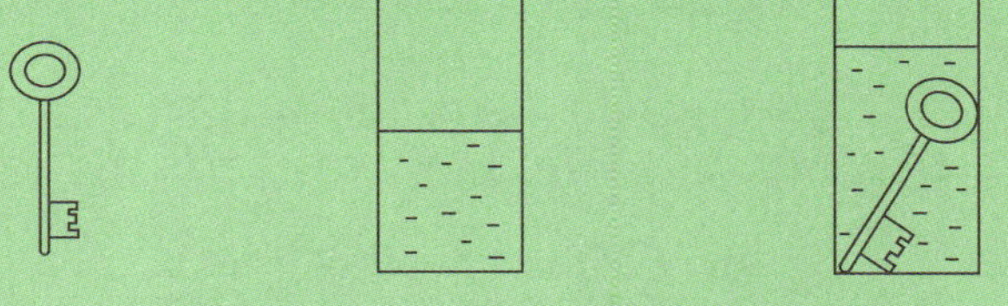

Wo kannst du hier das Volumen des Schlüssels ablesen?

Rezept

Ein Behälter ist 2 m lang, 5 dm breit und 8 dm hoch. Er soll mit Wasser gefüllt werden. Wie viel *l* passen hinein?

a) Haben alle Seiten die gleichen Maßeinheiten?	nein
b) Verwandle m in dm	2 m = 20 dm
c) Berechne den Rauminhalt	20 dm^3 · 5 · 8 = 800 dm^3
d) Wandle die dm^3 in *l* um	800 dm^3 = 800 *l*
e) Ergebnis	In den Behälter passen 800 *l*.

Lösungen der Aufgaben „Denk nach!“

1 Natürliche Zahlen

1.1 a) nein

b) Weiter nach links

1.2 a) $2^3 = 2 \cdot 2 \cdot 2 = 8; \quad 2^1 = 2; \quad 2^4 = 2 \cdot 2 \cdot 2 \cdot 2 = 16$

b) $2 \cdot 2 \cdot 2 \cdot 2 \cdot 2 \cdot 2 = 2^6$

c) $1 \cdot 16 + 0 \cdot 8 + 1 \cdot 4 + 0 \cdot 2 + 1 = 21$

2 Addieren und Subtrahieren

2.1 a) ja

b) Hier darfst du nicht vertauschen!

c) ja; Beispiel: $3 + 4 + 5 = 7 + 5 = 12$

$= 3 + 9 = 12$

2.2 a) ja zu 80

b) ja: $40 + [60 + (70 - 50)] = 40 + [60 + 20] = 40 + 80 = 120$

$[40 + (60 + 70)] - 50 = [40 + 130] - 50 = 170 - 50 = 120$

2.3

a)	b)	c)
3215	8253	5431
+ 89	+ 1269	− 3719
+ 176	+ 156	1712
3480	9678	

3 Multiplizieren und Dividieren I

3.1 a) ja

b) Hier darfst du nicht vertauschen!

c) ja: $25 \cdot 15 = 375 \rightarrow 25 \cdot 5 = 125; \quad 125 \cdot 3 = 375$

4 Multiplizieren und Dividieren II

4.1 a) 100

b) 10, nämlich von $1 \cdot 1$ bis $10 \cdot 10$

c) $1 \cdot 1 = 1$ und $10 \cdot 10 = 100$

4.2 ja

a) $7 \cdot 30 + 7 \cdot 9 = 210 + 63 = 273$

$7 \cdot 40 - 7 \cdot 1 = 280 - 7 = 273$

b) $210 : 7 + 63 : 7 = 30 + 9 = 39$

$280 : 7 - 7 : 7 = 40 - 1 = 39$

4.3 a) ja $(8+7)+5=20$ $\quad (8\cdot 7)\cdot 5 = 280$

$8+(7+5)=20$ $\quad 8\cdot(7\cdot 5)=280$

b) $(8+7)\cdot 5 = 15\cdot 5 = 75$ $\quad (8\cdot 7)+5 = 56+5 = 61$

$8+7\cdot 5 = 8+35 = 43$ $\quad 8\cdot 7+5 = 56+5 = 61$

c) $(8+4):4 = 12:4 = 3$ $\quad (8:4)+4 = 2+4 = 6$

$8+4:4 = 8+1 = 9$ $\quad 8:4+4 = 2+4 = 6$

5 Schriftliches Multiplizieren und Dividieren

5.1 a) $2\boxed{4}5\cdot 4\boxed{7}$

```
 980
  1715
 11515
```
(Ergebnis: $\boxed{1}\boxed{1}\boxed{5}\boxed{1}\boxed{5}$)

b) $2104\cdot\boxed{2}0\boxed{3}$

```
 4208
    6312
 427112
```
(Ergebnis: $\boxed{4}\boxed{2}\boxed{7}\boxed{1}\boxed{1}\boxed{2}$)

5.2 a) $29\boxed{5}2 : \boxed{2}4 = 12\boxed{3}$

```
24
 55
 48
  72
  72
   0
```
(mit $\boxed{7}2$)

b) $57\boxed{5}0 : \boxed{2}\boxed{5} = 2\boxed{3}0$

```
50
 75
 75
  00
   0
   0
```

5.3 a) $5952 : 24 = 248$

b) ja; Rest $9 + 15$ ergibt 24 und 24 ist durch 24 teilbar.

c) $5976 : 24 = 249$

6 Gleichungen und Ungleichungen

6.1 a) ja

b) ja

c) Nein, weil man hier nicht angeben kann, ob dieser Satz wahr oder falsch ist: für einen Schüler ist er sicher wahr, für einen Lehrer wahrscheinlich nicht.

6.2 In a) und b) hat die Gleichung jeweils keine Lösung, in c) $L = \{5\}$

6.3 a) $x \leq 5$, die Stablänge darf nur kleiner oder höchstens gleich 5 cm sein.

b) $G = \{1, 2, 3, 10\}$

c) $L = \{1, 2, 3\}$

7 Gewichte

7.1 a) 3 · 100 ℔ = 300 ℔ also 3 Ztr. = 300 ℔
b) 300 · 500 g = 150 000 g also 3 Ztr. = 150 000 g
c) 3 kg = 3000 g; 3000 : 500 = 6 also 3 kg = 6 ℔

7.2 a) 7,50 Ztr.
b) 3,20 Ztr. = 3 Ztr. 20 ℔ = 320 ℔
c) 1 Ztr. = 100 ℔ = 100 · 500 g = 50 000 g
3 Ztr. = 3 · 50 000 g = 150 000 g
1 ℔ = 500 g; 20 ℔ = 20 · 500 g = 10 000 g
3,20 Ztr. = 150 000 g + 10 000 g = 160 000 g

8 Geldwerte

8. a) 500 · 0,6 Pfund = 300 britische Pfund
500 · 1,5 Franken = 750 Schweizer Franken
b) 225 : 0,6 = 373 also 373 Euro
c) 151 : 1,5 = 101 also 101 Euro

9 Längen

9.1 a) 78 cm – 67 cm = 11 cm
b) Beim Händler aus Österreich, weil man bei ihm für das gleiche Geld mehr Stoff erhält.
c) 5 · 11 cm = 55 cm

9.2 a) 7,421 km = 7421 m = 74 210 dm
b) 7,421 km – 1,852 km = 5,569 km
c) ja; 1,852 km · 4 = 7,408 km
Rundungsfehler: 7,421 km – 7,408 km = 0,013 km
Die geografische Meile ist um 0,013 km größer.
Die Rundung ist also zu klein.

10 Zeiten

10.1 a) {1, 2, 4, 5, 10, 20, 25, 50, 100} 9 Teiler
b) {1, 2, 3, 4, 5, 6, 10, 12, 15, 20, 30, 60} 12 Teiler
c) ja; denn je mehr Teiler desto mehr Divisionen ohne Rest sind möglich.

11 Rechnen mit Größen

11.1 a)
```
   3,45 m
+  1,06 m
+ 14,00 m
---------
  18,51 m
```
b)
```
  7,125 kg
- 6,541 kg
----------
  0,584 kg
```

11.2 a) 3126 m · 7 = 21 882 m

b) 17324 kg · 8 = 138592

11.3 a) $5 \cdot 15\,\text{ct} = 75\,\text{ct} = 0{,}75\,€$

b) 4 Minuten

c) Timo hat die Eier nacheinander gekocht: $5 \cdot 4\,\text{min} = 20\,\text{min}$

12 Geometrische Grundbegriffe

12.1 a) nein; es gilt aber $g \parallel k$

b) ja

12.2 a) Wenn beide Koordinaten gleich groß sind.

b) Die Verbindungslinie geht durch den Nullpunkt und halbiert das Winkelfeld zwischen den Achsen.

c) A und B liegen symmetrisch zu der Verbindungslinie.

12.3 a) A B C D E F G H I K L O

b) 0: F G L 1: A B C D E K 2: H I O

13 Flächenmaße

13.1 a) 1 Morgen = 1 ha : 4 = 100 a : 4 = 25 a

b) 236 : 4 = 59, also 59 ha

c) 120 · 4 = 480, also 480 Morgen

5

14 Flächenberechnungen

14.1 a) 1 m, 16 m; 2 m, 8 m; 4 m, 4 m; 8 m, 2 m und 16 m, 1 m
b) Alle Flächeninhalte betragen $16\,m^2$.
c) 34 m; 20 m; 16 m; 20 m und 34 m
Der Umfang des Quadrates ist am kleinsten.

14.2 a) 7 m, 1 m; 6 m, 2 m; 5 m, 3 m; 4 m, 4 m; 3 m, 5 m; 2 m, 6 m; 1 m, 7 m; also 7 Flächen
b) Alle Umfänge betragen 16 m.
c) $7\,m^2$; $12\,m^2$; $15\,m^2$; $16\,m^2$; $15\,m^2$; $12\,m^2$; $7\,m^2$
d) Das Quadrat besitzt den größten Flächeninhalt.

15 Rauminhalte

15.1 Die drei Quader haben das gleiche Volumen von $64\,dm^3$, weil sie alle die gleichen Abmessungen besitzen.
Durch Kippen könnte man sie in die gleiche Ausgangslage überführen.

15.2 a) $6\,dm^3 \cdot 3 \cdot 5 = 90\,dm^3$
b) Es gibt sehr viele Lösungen.
z. B.: 3 dm, 6 dm, 5 dm; 3 dm, 3 dm, 10 dm; 2 dm, 9 dm, 5 dm; 2 dm, 3 dm, 15 dm; 1 dm, 5 dm, 18 dm; 1 dm, 3 dm, 30 dm; 1 dm, 1 dm, 90 dm

15.3 Der gestiegene Wasserstand gibt das Volumen des Schlüssels an, denn der Schlüssel verdrängt so viel Wasser wie seinem Rauminhalt entspricht.

Mathe Arithmetik
6. Schuljahr

Inhaltsverzeichnis Mathe Arithmetik 6. Schuljahr

1.1 Was sind Teiler?

Merke

20 : 4 = 5

Weil 20 durch 4 ohne Rest teilbar ist, heißt 4 **Teiler** von 20.

20 : 6 = 3 Rest 2

Weil 20 durch 6 **nicht** teilbar ist, ist 6 **kein Teiler** von 20.

Außer der 1 gibt es keine Zahl, die Teiler von allen Zahlen ist. Jede Zahl ist Teiler von sich selbst.
Eine Zahl kann mehrere verschiedene Teiler haben.

Merke

Um auszudrücken, dass eine Zahl Teiler einer anderen Zahl ist, schreiben wir: $4 \mid 8$.

$4 \mid 8$ liest man „Vier teilt acht" oder „4 ist ein Teiler von 8".

Will man sagen, dass 3 kein Teiler von 8 ist, schreibt man $3 \nmid 8$.

Denk nach!

a) Findest du eine Zahl, die 1, 2, 3 und 4 Teiler hat?

b) Gibt es eine Zahl, die nur 2 als Teiler hat?

c) Gibt es eine Zahl, die nur 1 als Teiler hat?

d) Was denkst du, wenn du hörst, dass für zwei Zahlen gilt:
Sowohl die eine teilt die andere, als auch umgekehrt.
Welche Zahlen kommen dafür in Frage?

e) 2 ist ein Teiler von 8 und 8 ist ein Teiler von 40.
Ist deswegen auch 2 ein Teiler von 40?
Kann man Ähnliches auch mit anderen Zahlen machen?

Rezept

6

Ist 5 Teiler von 30?

a) Bilde die Divisionsaufgabe	30 : 5
b) Dividiere	30 : 5 = 6
c) Geht die Division auf?	ja
also:	5 ist ein Teiler von 30
d) Notiere das Ergebnis	$5 \mid 30$

Ist 9 ein Teiler von 42?

a) Bilde die Divisionsaufgabe	42 : 9
b Dividiere	42 : 9 = 4 Rest 6
c) Geht die Division auf?	nein
also:	9 ist kein Teiler von 42
d) Notiere das Ergebnis	$9 \nmid 42$

Setze zwischen 25 und 100 das richtige Zeichen $\mid$ bzw. $\nmid$

a) Bilde die Divisionsaufgabe	100 : 25
b) Dividiere	100 : 25 = 4
c) Ist also 25 Teiler von 100?	ja
d) Setze das richtige Zeichen	$25 \mid 100$

Setze zwischen 8 und 50 das richtige Zeichen $\mid$ bzw. $\nmid$

a) Divisionsaufgabe bilden	50 : 8
b) Ausrechnen	50 : 8 = 6 Rest 2
c) Ist also 8 Teiler von 50?	nein
d) Setze das richtige Zeichen	$8 \nmid 50$

1.2 Was sind Vielfache?

Merke

20 ist ein Vielfaches von 4, weil

$20 = \textcircled{4} \cdot 5.$

20 ist dagegen **kein Vielfaches** von 6, weil

$20 = \textcircled{6} \cdot 3 + 2.$

Wenn also eine Zahl – z. B. 20 – ein Vielfaches einer anderen Zahl – hier 4 – ist, muss 4 ein Faktor von 20 sein.
Um das festzustellen, teilst du 20 : 4. Geht diese Division auf, so ist 4 ein Faktor von 20. Es gilt

$20 = \textcircled{4} \cdot 5.$

20 ist demnach **Vielfaches** von 4.

Geht die Division 20 : 6 **nicht** auf, so ist 20 kein Vielfaches von 6. Es gilt jetzt

$20 = \textcircled{6} \cdot 3 + 2.$

Jede Zahl ist Vielfaches von sich selbst.
Jede Zahl hat unendlich viele Vielfache.

Denk nach!

a) Welche Zahlen sind Vielfache von 1, 2, 3 und 4 gleichzeitig?

b) Schreibe dir ein paar Vielfache von 2 und ein paar Vielfache von 4 auf.

c) Gibt es eine Zahl, deren Vielfaches 1 ist?

d) Gibt es eine Zahl, deren Vielfaches 0 ist? Nur eine?

Rezept

Ist 45 ein Vielfaches von 5?

a) Divisionsaufgabe bilden	45 : 5 = 9
b) Geht die Division auf?	ja
c) Ergebnis	45 ist ein Vielfaches von 5

Ist 86 ein Vielfaches von 9?

a) Divisionsaufgabe bilden	86 : 9 = 9 Rest 5
b) Geht die Division auf?	nein
c) Ergebnis	86 ist kein Vielfaches von 9

1.3 Gibt es einen Zusammenhang zwischen Teilern und Vielfachen?

Merke

Zwischen „Teiler sein“ und „Vielfaches sein“ besteht dieser wichtige Zusammenhang:

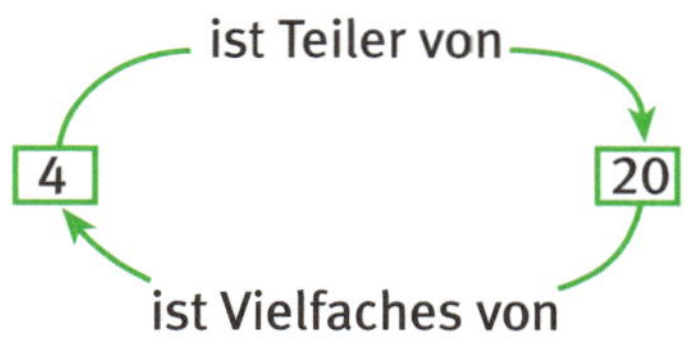

„Teiler zu sein“ und „Vielfaches zu sein“ sind also entgegengesetzte Beziehungen.

Diesen Zusammenhang kannst du nutzen, wenn du von einer Zahl (z. B. 40) untersuchen willst, ob sie ein **Vielfaches** einer anderen (z. B. 8) ist. Du ermittelst einfach, ob 8 ein **Teiler** von 40 ist. Wenn 8 ein Teiler von 40 ist, muss umgekehrt 40 ein **Vielfaches** von 8 sein.

$40 : 8 = 5 \rightarrow$ 8 ist Teiler von 40.

Also: 40 ist ein Vielfaches von 8.

Denk nach!

a) 7 ist ein Teiler von 42. Multipliziere beide Zahlen mit 10. Gilt dann auch zwischen den Zahlen die Beziehung „ist Teiler von“?

b) 42 ist ein Vielfaches von 7. Wie verhält es sich hier, wenn du beide Zahlen mit 10 multiplizierst?

c) Addiere zu den Zahlen jeweils 10. Gelten dann noch die Beziehungen?

Rezept

Ist 108 Vielfaches von 9?

a) Untersuche, ob 9 Teiler von 108 ist	108 : 9 = 12 9 ist Teiler von 108
b) Ist 108 Vielfaches von 9?	ja, weil 9 Teiler von 108 ist

Ist 140 Vielfaches von 12?

a) Untersuche, ob 12 Teiler von 140 ist	140 : 12 = 11 Rest 8 12 ist kein Teiler von 140
b) Ist 140 Vielfaches von 12?	nein, weil 12 kein Teiler von 140 ist

1.4 Was ist eine Teilermenge?

Merke

Die Teilermenge einer Zahl umfasst sämtliche Teiler der Zahl.

Die Teiler einer Zahl (z. B. 8) notiert man so:

$T_8 = \{1, 2, 4, 8\}$.

T_8 liest man „Teilermenge von 8".

Ermittelst du die Teilermenge einer Zahl, so solltest du systematisch vorgehen, damit du keinen Teiler übersiehst: also Zahl für Zahl untersuchen, ob sie Teiler der gegebenen Zahl ist. Diese Suche kannst du verkürzen, wenn du zu jedem Teiler auch den **Gegenteiler** notierst.

Merke

Aus $16 : 2 = 8$

ergibt sich $16 : 8 = 2$.

Also gilt: $2 \mid 16$ und $8 \mid 16$

2 hat als **Gegenteiler** 8.

Teiler und Gegenteiler müssen nicht immer verschieden sein:

$16 : 4 = 4$.

Denk nach!

a) Kann die Teilermenge eine ungerade Anzahl Elemente haben? Wann passiert das?

b) Kannst du dir eine Regel vorstellen, wie man alle Teiler findet, ohne dass man alle Zahlen überprüfen muss, die kleiner als die Zahl sind?

c) Können in der Teilermenge einer Zahl Elemente enthalten sein, die größer als die Zahl selbst sind?

Rezept

Berechne T_{20}

a) Ist 1 Teiler von 20?	ja: 20 : 1 = 20
b) Wie heißt der Gegenteiler zu 1?	20
c) Ist 2 Teiler von 20?	ja: 20 : 2 = 10
d) Gegenteiler zu 2?	10
e) Ist 3 Teiler?	nein: 20 : 3 = 6 Rest 2
f) Ist 4 Teiler?	ja: 20 : 4 = 5
g) Gegenteiler zu 4?	5
h) 5 steht schon als Teiler fest.	
Ist 6 Teiler?	nein: 20 : 6 = 3 Rest 2
i) 7, 8 und 9 können ebenfalls keine Teiler sein. Ist 10 Teiler?	ja, 10 schon als Teiler bei d) gefunden
j) Untersuchung abbrechen, weil es keine neuen Teiler mehr geben kann	
Ergebnis	$T_{20} = \{1, 2, 4, 5, 10, 20\}$

6

1.5 Was ist eine Primzahl?

Merke

Zahlen, die **nur** zwei Teiler besitzen, heißen **Primzahlen.**

Man kann auch sagen:

Zahlen, deren Teilermenge **nur** aus zwei Zahlen besteht, heißen **Primzahlen.**

Willst du eine gegebene Zahl daraufhin untersuchen, ob sie Primzahl ist, so gehe systematisch vor.
Bei großen Zahlen ergibt sich ein erheblicher Rechenaufwand. Es gibt bis heute kein System, nach dem man alle Primzahlen berechnen kann.
Mit den Primzahlen haben sich die Gelehrten bereits im klassischen Altertum beschäftigt.

Denk nach!

a) Suche alle Primzahlen bis 30.

b) Gibt es eine Primzahl unter den in a) gefundenen, die aus zwei gleichen Ziffern besteht?

c) Gibt es eine größte Primzahl?

d) Ist 1 eine Primzahl?

e) Gibt es außer 2 noch weitere gerade Primzahlen?

Rezept

6

Ist 12 eine Primzahl?

a) Bestimme T_{12}	$T_{12} = \{1, 2, 3, 4, 6, 12\}$
b) Hat diese Menge genau zwei Elemente (Zahlen)?	nein
c) Ergebnis	12 ist keine Primzahl.

Ist 17 eine Primzahl?

a) Bestimme T_{17}	$T_{17} = \{1, 17\}$
b) Hat diese Menge genau zwei Elemente?	ja
c) Ergebnis	17 ist Primzahl

1.6 Was ist eine Vielfachenmenge?

Merke

Die Vielfachen einer Zahl bilden die **Vielfachenmenge** der entsprechenden Zahl.

V_6 bedeutet:

$V_6 = \{6, 12, 18, 24, ...\}$.

Die Vielfachenmenge V_6 enthält also alle Vielfachen von 6. Da es zu jeder Zahl unendlich viele Vielfache gibt, setzt man hinter die letzte notierte Zahl Punkte.

Die erste Zahl der Vielfachenmenge ist stets die Zahl selbst. Du findest die Vielfachen, indem du von der Zahl die entsprechende Multiplikationsreihe bildest.

$1 \cdot 6 = 6$; $2 \cdot 6 = 12$; $3 \cdot 6 = 18$; …

Denk nach!

a) Welche Vielfachenmengen sind in anderen enthalten? Überlege es dir erst an den Vielfachenmengen von 2, von 3, von 6 und von 8.
Gibt es eine Regel, wann eine Vielfachenmenge in der anderen enthalten ist?

b) Können in der Vielfachenmenge einer Zahl Elemente enthalten sein, die kleiner als die Zahl sind?

c) Bilde V_1. Was fällt dir auf?

Bilde V_{15}

Rezept

a) Bilde eine Multiplikationsreihe mit 15

$1 \cdot 15 = 15$

$2 \cdot 15 = 30$

$3 \cdot 15 = 45$

...

b) Notiere V_{15}

$V_{15} = \{15, 30, 45, ...\}$

6

1.7 Was ist ein größter gemeinsamer Teiler?

Merke

Der ggT zweier Zahlen ist die größte Zahl, durch die sich beide Zahlen teilen lassen.

Man schreibt

ggT (12, 18) = 6

und liest: Der größte gemeinsame Teiler von 12 und 18 beträgt 6.

Man kann den ggT auch von mehr als zwei Zahlen bilden. Manche Zahlen wie 7 und 9 besitzen als ggT nur die 1 : ggT (7, 9) = 1

6

Denk nach!

a) Kann der ggT jemals größer sein als die Differenz der beiden Zahlen?

b) Kann es vorkommen, dass zwei Zahlen keinen ggT besitzen?

c) Was fällt dir bei der Aufgabe ggT (8, 24) auf?

Rezept

6

Ermittle ggT (8, 12)

a) Berechne T_8	$T_8 = \{1, 2, 4, 8\}$
b) Bestimme T_{12}	$T_{12} = \{1, 2, 3, 4, 6, 12\}$
c) Vergleiche die Teilermengen und schreibe die **gemeinsamen** Teiler heraus	$\{1, 2, 4\}$
d) Welcher Teiler ist der **größte**?	4
e) Ergebnis	ggT (8, 12) = 4

Ermittle ggT (8, 15)

a) Berechne T_8	$T_8 = \{1, 2, 4, 8\}$
b) Bestimme T_{15}	$T_{15} = \{1, 3, 5, 15\}$
c) Vergleiche beide Teilermengen. Welche **gemeinsamen** Teiler findest du?	$\{1\}$
d) Welcher Teiler ist der **größte**?	1
e) Ergebnis	ggT (8, 15) = 1

1.8 Was ist ein kleinstes gemeinsames Vielfaches?

Merke

Das kgV zweier Zahlen ist das kleinste Vielfache, das beiden Zahlen gemeinsam ist.

Man schreibt:

kgV (12, 18) = 36

und liest: Das kleinste gemeinsame Vielfache von 12 und 18 ist 36.

Manchmal sucht man von zwei Zahlen (z. B. 12 und 18) nur **ein gemeinsames** Vielfaches. Das Produkt beider Zahlen ist ein solches. Es ist meist aber nicht das **kleinste** gemeinsame Vielfache ($12 \cdot 18 = 216$, das kgV (12, 18) beträgt aber 36).
Das kgV lässt sich auch von mehr als zwei Zahlen berechnen.

Denk nach!

a) Kann es vorkommen, dass zwei Zahlen kein kgV besitzen?

b) Du sollst von 4, 8, 12 das kgV berechnen.
Probiere aus, ob du so vorgehen darfst:

kgV (4, 8) = x   kgV (x, 12)

oder so:

kgV (8, 12) = y   kgV (y, 4)

c) Warum ist das kgV zweier Zahlen gleich oder größer als die größere der beiden Zahlen?

Probiere es an den Beispielen

kgV (10, 25)   und   kgV (9, 18) aus.

Rezept

Berechne kgV (16, 24)

a) Ermittle V_{16}	$V_{16} = \{16, 32, (48), 64, 80, (96), \ldots\}$
b) Bestimme V_{24}	$V_{24} = \{24, (48), 72, (96), \ldots\}$
c) Vergleiche die Vielfachenmengen. Schreibe die **gemeinsamen** Vielfachen auf	$\{48, 96, \ldots\}$
d) Welches ist das **kleinste** gemeinsame Vielfache?	48
e) Ergebnis	kgV (16, 24) = 48

6

2.1 Wann ist eine Zahl durch 2, 4 oder 5 teilbar?

Merke

Eine Zahl ist durch **2 teilbar**, wenn sie gerade ist. Man kann auch sagen:

Eine Zahl ist durch 2 teilbar, wenn ihre letzte Ziffer durch 2 teilbar ist.

Eine Zahl ist durch **4 teilbar**, wenn ihre letzten beiden Stellen durch 4 teilbar sind.

Eine Zahl lässt sich durch **5 teilen**, wenn ihre letzte Ziffer eine Null oder eine 5 ist.

Bedenke: 0 ist durch 2, 4 bzw. 5 teilbar.

Für viele Überlegungen ist es nützlich, wenn man von einer größeren Zahl ohne großen Rechenaufwand angeben kann, ob sie durch bestimmte Zahlen teilbar ist oder nicht. Mit Hilfe der Teilbarkeitsregeln kannst du solche Aussagen treffen.
Bei den Teilbarkeitsregeln unterscheidet man **Endstellenregeln** für die Teilbarkeit durch 2, 4 oder 5 von den **Quersummenregeln** für die Teilbarkeit durch 3 oder 9.

Denk nach!

a) Kannst du für die Teilbarkeit durch 10 eine Endstellenregel angeben?

b) Überlege dir eine Endstellenregel für die Teilbarkeit durch 8.

c) Gilt dies: Eine Zahl lässt sich durch 25 teilen, wenn ihre letzten beiden Stellen durch 25 teilbar sind.

Rezept

6

Ist 4251 durch 2 teilbar?	
a) Wie heißt die letzte Stelle?	1
b) Ist diese Zahl durch 2 teilbar?	nein
c) Ergebnis	4251 ist **nicht** durch 2 teilbar, also $2 \nmid 4251$

Ist 1736 durch 4 teilbar?	
a) Wie heißen die letzten beiden Stellen?	36
b) Ist diese Zahl durch 4 teilbar?	ja
c) Ergebnis	1736 ist durch 4 teilbar also: $4 \mid 1736$

Ist 2860 durch 5 teilbar?	
a) Wie heißt die letzte Stelle?	0
b) Ist diese Zahl durch 5 teilbar?	ja
c) Ergebnis	2860 ist durch 5 teilbar also: $5 \mid 2860$

Untersuche 2450 auf Teilbarkeit durch 2, 4 und 5	
a) Betrachte die letzte Stelle	0
b) Zahl also durch 2 teilbar?	ja, $2 \mid 2450$
c) Nimm die letzten 2 Stellen	50
d) Zahl also durch 4 teilbar?	nein; $4 \nmid 2450$
e) Betrachte noch einmal die letzte Stelle	0
f) Zahl also durch 5 teilbar?	ja, $5 \mid 2450$
g) Gesamtergebnis	$2 \mid 2450$; $4 \nmid 2450$ und $5 \mid 2450$

2.2 Wann ist eine Zahl durch 3 oder 9 teilbar?

Merke

Du bildest die **Quersumme** einer Zahl, indem du alle Ziffern der Zahl addierst.

Quersumme von 30 435 → 3 + 0 + 4 + 3 + 5 = 15

Beim Bestimmen der Quersumme einer Zahl darfst du auch die Quersumme von der Quersumme bilden:

47 082 → 4 + 7 + 0 + 8 + 2 = 21 → 2 + 1 = 3

Merke

Eine Zahl ist durch **3 teilbar**, wenn ihre Quersumme durch 3 teilbar ist.

Eine Zahl ist durch **9 teilbar**, wenn ihre Quersumme durch 9 teilbar ist.

Denk nach!

a) Untersuche, ob die Teilbarkeitsregel für 3 auch gilt, wenn du die Quersumme von der Quersumme bildest. Nimm als Beispiel 47 082.

b) Untersuche wie in a) die Gültigkeit für die Teilbarkeit durch 9.

c) Prüfe nach, ob gilt: Die Quersumme der Zahl 41 021 stimmt überein mit dem Rest, der sich bei der Division durch 9 ergibt.

Bilde die Quersumme von 37 048

a) Notiere alle Ziffern der Zahl	3; 7; 0; 4; 8
b) Bilde ihre Summe	$3 + 7 + 0 + 4 + 8 = 22$
c) Ergebnis	Die Quersumme von 37 048 beträgt 22

Ist 4327 durch 3 teilbar?

a) Berechne die Quersumme	$4 + 3 + 2 + 7 = 16$
b) Ist diese Quersumme durch 3 teilbar?	nein
c) Ergebnis	4327 ist **nicht** durch 3 teilbar also: $3 \nmid 4327$

Ist 72 045 durch 9 teilbar?

a) Quersumme bilden	$7 + 2 + 0 + 4 + 5 = 18$
b) Ist die Quersumme durch 9 teilbar?	ja
c) Ergebnis	72 045 ist durch 9 teilbar also: $9 \mid 72\,045$

Untersuche 2505 auf Teilbarkeit durch 3 und 9

a) Quersumme bilden	$2 + 5 + 0 + 5 = 12$
b) Teilbar durch 3?	ja, $3 \mid 12$
c) Teilbar durch 9?	nein, $9 \nmid 12$
d) Ergebnis	Es gilt: $3 \mid 2505$ und $9 \nmid 2505$

Setze zwischen 9 und 2765 das richtige Zeichen $\mid$ bzw. $\nmid$

a) Quersumme bilden	$2 + 7 + 6 + 5 = 20$
b) Teilbar durch 9?	nein, $9 \nmid 20$
c) Ergebnis	$9 \nmid 2765$

2.3 Primfaktorzerlegung

Merke

Eine Zahlendarstellung wie

$350 = 2 \cdot 5 \cdot 5 \cdot 7$

heißt **Primfaktorzerlegung** der Zahl 350, weil hier sämtliche Faktoren (Malnehmer) **Primfaktoren** sind.

Es gibt zu jeder Zahl nur **eine** Primfaktorzerlegung, wenn man von der Reihenfolge absieht.
Ist die Primfaktorzerlegung gegeben, so gewinnst du die ursprüngliche Zahl durch Ausmultiplizieren aller Faktoren. Schwieriger ist es, eine Zahl in Primfaktoren zu zerlegen. Gehe dabei systematisch vor und verwende die Teilbarkeitsregeln.

Denk nach!

a) Warum ist 1 kein Primfaktor?

b) Können Primfaktoren mehrfach auftauchen?

c) Kann es vorkommen, dass in einer Primfaktorzerlegung nur gleiche Primzahlen auftreten? Nenne ein Beispiel.

Von welcher Zahl ist dies die Primfaktorzerlegung: 2 · 3 · 5 · 5 · 7?

a) Rechne schrittweise so	$2 \cdot 3 \cdot 5 \cdot 5 \cdot 7$ $6 \cdot 5 \cdot 5 \cdot 7$ $30 \cdot 5 \cdot 7$ $150 \cdot 7$ 1050
b) Ergebnis	$2 \cdot 3 \cdot 5 \cdot 5 \cdot 7 = 1050$

Zerlege 180 in Primfaktoren

a) Ist 180 durch 2 teilbar?	ja, 180 : ② = 90
b) Ist 90 durch 2 teilbar?	ja, 90 : ② = 45
c) Ist 45 durch 2 teilbar?	nein
d) Ist 45 durch 3 teilbar?	ja, 45 : ③ = 15
e) Ist 15 durch 3 teilbar?	ja, 15 : ③ = 5
f) Ist 5 durch 3 teilbar?	nein
g) Ist 5 durch 5 teilbar?	ja, 5 : ⑤ = 1 Da kein Teiler mehr bleibt, ist das Verfahren beendet.
h) Ergebnis	$180 = 2 \cdot 2 \cdot 3 \cdot 3 \cdot 5$

2.4 So lassen sich ggT und kgV mit Hilfe von Primfaktorzerlegungen berechnen

Merke

Der größte **gemeinsame Teiler** (ggT) zweier Zahlen enthält nur die Primfaktoren, die in beiden Zahlen enthalten sind.

Das **kleinste gemeinsame Vielfache** (kgV) umfasst dagegen die Primfaktoren, die in der einen, in der anderen oder in beiden Zahlen vorkommen. Die Primfaktoren, die in **beiden** Zahlen enthalten sind, werden nur **einmal** genommen.

Willst du ggT oder kgV auf diese Weise bestimmen, musst du natürlich erst Primfaktorzerlegungen durchführen. Das lohnt sich nur bei größeren Zahlen. In vielen Fällen ist der Rechenaufwand beim Arbeiten mit Teilermengen bzw. Vielfachenmengen günstiger.

Denk nach!

a) Bestimme den ggT (24, 175).
Gibt es gemeinsame Primfaktoren?

b) Besitzen 24 und 175 gemeinsame Teiler?
Wenn ja, welche?

c) Berechne kgV (24, 175). Vergleiche den Wert mit dem Produkt $24 \cdot 175$.
Was stellst du fest?

Berechne den ggT (24, 36)

Rezept

a) Erste Zahl in Primfaktoren zerlegen	$24 = 2 \cdot 2 \cdot 2 \cdot 3$
b) Zweite Zahl in Primfaktoren zerlegen	$36 = 2 \cdot 2 \cdot 3 \cdot 3$
c) Welches sind die **gemeinsamen** Primfaktoren?	$2 \cdot 2 \cdot 3$
d) Ergebnis	ggT $(24, 36) = 2 \cdot 2 \cdot 3 = 12$

Berechne den ggT (20, 63)

a) Primfaktorzerlegung der ersten Zahl	$20 = 2 \cdot 2 \cdot 5$
b) Primfaktorzerlegung der zweiten Zahl	$63 = 3 \cdot 3 \cdot 7$
c) **Gemeinsame** Primfaktoren?	keine
d) Ergebnis	Es gibt zwar keine gemeinsamen Primfaktoren, aber den gemeinsamen Teiler 1. Also: ggT (20, 63) = 1

Ermittle das kgV (20, 35)

a) Primfaktorzerlegung der ersten Zahl	$20 = 2 \cdot 2 \cdot 5$
b) Primfaktorzerlegung der zweiten Zahl	$35 = 5 \cdot 7$
c) Welche Primfaktoren kommen vor? Verwende die in **beiden** Zahlen vorkommenden aber nur einmal	$2 \cdot 2 \cdot 5 \cdot 7$
d) Ergebnis	kgV (20, 35) $= 2 \cdot 2 \cdot 5 \cdot 7 = 140$

Bestimme das kgV (20, 63)

a) Primfaktorzerlegung der ersten Zahl	$20 = 2 \cdot 2 \cdot 5$
b) Primfaktorzerlegung der zweiten Zahl	$63 = 3 \cdot 3 \cdot 7$
c) Welche Primfaktoren kommen vor? Verwende die in **beiden** Zahlen vorkommenden aber nur einmal	$2 \cdot 2 \cdot 3 \cdot 3 \cdot 5 \cdot 7$
d) Ergebnis	Du musst hier also **alle** Primfaktoren nehmen. kgV (20, 63) $= 2 \cdot 2 \cdot 3 \cdot 3 \cdot 5 \cdot 7$ kgV (20, 63) $= 1260$

3.1 Was ist ein Bruchteil?

Merke

Ganze lassen sich in **Bruchteile** zerlegen.

Die Bruchteile kennzeichnet man durch **Brüche**.

Ein Bruch besteht aus Zähler, Bruchstrich und Nenner.

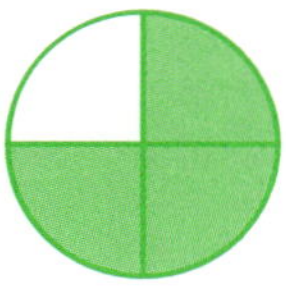

$\frac{3}{4}$

Zähler gibt die Anzahl der Bruchteile an.

Nenner gibt an, in wie viele gleiche Bruchteile das Ganze zerlegt wurde.

Bruchteile können in verschiedenen Darstellungen veranschaulicht werden. Am gebräuchlichsten sind Kreise und Rechtecke. Zeichnest du Bruchteile, so muss immer erkennbar sein, wie groß **das Ganze** ist.

Denk nach!

a) Kannst du alle diese Bruchteile in **einen** Kreis einzeichnen?

b) Schaffst du es auch hier?

Rezept

6

Zeichne in einen Kreis $\frac{3}{8}$ ein

a) Zeichne einen Kreis mit Mittelpunkt

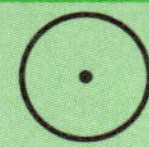

b) Teile den Kreis in 8 gleiche Teile ein

c) Nimm 3 von den Teilen und schraffiere sie

$\frac{3}{8}$

Zeichne in ein Rechteck $\frac{5}{6}$ ein

a) Zeichne ein beliebiges Rechteck

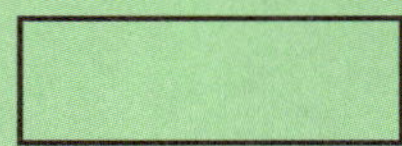

b) Unterteile das Rechteck so, dass 6 gleiche Bruchteile entstehen

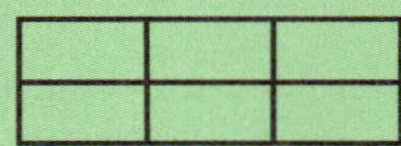

c) Schraffiere 5 von ihnen

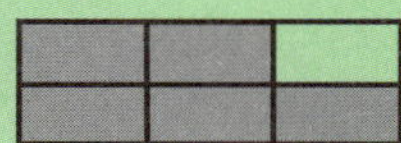

$\frac{5}{6}$

Welcher Bruch ist hier gezeichnet?

a) Zähle die Anzahl der Teile, in die der Kreis zerlegt ist — 8

b) Wie heißen diese Bruchteile? — $\frac{1}{8}$

c) Wie viele Achtel sind schraffiert? — 5

d) Ergebnis — $\frac{5}{8}$

3.2 Bruchteile von Größen

Merke

In der Aufgabe

$\frac{3}{4}$ von 20 €

heißt $\left(\frac{3}{4}\text{ von}\right)$ Bruchveränderer (oder Bruchoperator). Man rechnet mit ihm, indem man ihn in eine Divisionsaufgabe $(:4)$ und eine Multiplikationsaufgabe $(\cdot 3)$ so zerlegt:

$\frac{3}{4}$ von 20 €,

$20\,€ \xrightarrow{:4} 5\,€ \xrightarrow{\cdot 3} 15\,€$,

$\frac{3}{4}$ von 20 € = 15 €.

Aufgaben, in denen du Bruchteile von Größen berechnen musst, kommen nicht nur beim Rechnen mit Geld vor, sondern auch bei Längen, Zeiten und Gewichten.

Denk nach!

a) Die Schulstunde dauert 45 Minuten. Du siehst zur Uhr. Gott sei Dank, $\frac{2}{3}$ von der Schulstunde sind schon vorbei. Wie viele Minuten musst du noch durchhalten?

b) Beeinflusst es das Ergebnis, wenn du $\left(\frac{2}{3}\text{ von}\right)$ so $(\cdot 2)$ $(:3)$ oder so $(:3)$ $(\cdot 2)$ zerlegst?

Rezept

Wie viel ist $\frac{3}{8}$ von 560 €?

a) Zerlege ($\frac{3}{8}$ von)	(: 8) (· 3)
b) Rechne mit (: 8)	560 € : 8 = 70 €
c) Multipliziere mit (· 3)	70 € · 3 = 210 €
d) Ergebnis	$\frac{3}{8}$ von 560 € = 210 €

Wie viel ist $\frac{1}{9}$ von 270 €?

a) Zerlege ($\frac{1}{9}$ von)	(: 9) (· 1)
b) Rechne mit (: 9)	270 € : 9 = 30 €
c) Rechne mit (· 1)	30 € · 1 = 30 €
d) Ergebnis	$\frac{1}{9}$ von 270 € = 30 €

6

3.3 Erweitern und Kürzen

Merke

Erweitern: $\frac{3}{4} = \frac{3 \cdot 2}{4 \cdot 2} = \frac{6}{8}$ Zähler **und** Nenner mit der gleichen Zahl malnehmen

Kürzen: $\frac{6}{8} = \frac{6:2}{8:2} = \frac{3}{4}$ Zähler **und** Nenner durch die gleiche Zahl teilen

Beachte: Durch Erweitern bzw. Kürzen wird die **Größe** eines Bruches **nicht** verändert.

Man bezeichnet Erweitern und Kürzen auch als Formveränderungen an Brüchen. Solche Maßnahmen sind notwendig, wenn man Brüche bezüglich ihrer Größe vergleichen soll, oder beim Addieren und Subtrahieren.

Denk nach!

a) Du erweiterst einen Bruch erst mit 5, dann mit 2. Könntest du ihn gleich mit 10 erweitern?

b) Du kannst den Bruch $\frac{42}{238}$ durch 14 kürzen. Weil es einfacher ist, rechnest du in zwei Schritten.
Wie würdest du vorgehen?
Kontrolliere, ob du das auch darfst!

Rezept

6

Erweitere $\frac{7}{8}$ mit 5

a) Nimm den **Zähler** mit 5 mal	$7 \cdot 5 = 35$
b) Nimm den **Nenner** mit 5 mal	$8 \cdot 5 = 40$
c) Ergebnis	$\frac{7}{8} = \frac{35}{40}$

Erweitere $\frac{3}{5}$ auf vierzigstel ($\frac{}{40}$)

a) Berechne die **Erweiterungszahl**	$40 : 5 = \textcircled{8}$
b) Nimm Zähler und Nenner mit 8 mal	$\frac{3 \cdot \textcircled{8}}{5 \cdot \textcircled{8}}$
c) Ergebnis	$\frac{3}{5} = \frac{24}{40}$

Kürze $\frac{24}{36}$

a) Suche einen möglichst großen Teiler von 24 und 36	$\textcircled{12}$
b) Teile **Zähler** durch 12	$24 : \textcircled{12} = 2$
c) Teile **Nenner** durch 12	$36 : \textcircled{12} = 3$
d) Ergebnis	$\frac{24}{36} = \frac{2}{3}$

Kürze $\frac{32}{48}$

Wählst du eine zu kleine Kürzungszahl, so kürze weiter, bis es nicht mehr geht:

a) Kürzungszahl	$\textcircled{8}$
b) Kürze durch 8	$\frac{32 : 8}{48 : 8} = \frac{4}{6}$
c) Weitere Kürzungszahl	$\textcircled{2}$
d) Kürze durch 2	$\frac{4 : 2}{6 : 2} = \frac{2}{3}$
e) Ergebnis	$\frac{32}{48} = \frac{2}{3}$

3.4 Bruchvergleiche

Merke

Bruchvergleiche lassen sich am einfachsten durchführen, wenn die Brüche den **gleichen Nenner** haben. Sie sind dann **gleichnamig**.

Oft muss man die Brüche aber erst gleichnamig machen.

Sind die zu vergleichenden Brüche gleichnamig wie $\frac{3}{7}$ und $\frac{5}{7}$, so gilt:

$\frac{3}{7} < \frac{5}{7}$,

weil 3 Teile der gleichen Größe eben kleiner als 5 solcher Teile sind.

Merke

Sollen ungleichnamige Brüche wie

$\frac{5}{8}$ und $\frac{7}{12}$

verglichen werden, so benötigt man einen **gemeinsamen Nenner**.

Der kleinste gemeinsame Nenner ist der **Hauptnenner**. Er ist das kgV der beiden Nenner.

$\frac{5}{8}$	und	$\frac{7}{12}$	gemeinsamer Nenner: $8 \cdot 12 = 96$ Hauptnenner: 24
↓		↓	
$\frac{5 \cdot 3}{8 \cdot 3}$		$\frac{7 \cdot 2}{12 \cdot 2}$	gleichnamig machen
↓		↓	
$\frac{15}{24}$	$>$	$\frac{14}{24}$	vergleichen

Denk nach!

a) Vergleiche $\frac{1}{4}$ mit $\frac{1}{5}$ ohne einen gemeinsamen Nenner zu suchen. Denke an die Größe entsprechender Tortenstücke.

b) Vergleiche $\frac{3}{4}$ und $\frac{4}{5}$. Denke wieder an die Größe entsprechender Tortenstücke und überlege dir, wie viel jeweils an einer ganzen Torte fehlt.

6

Rezept

6

Vergleiche $\frac{7}{11}$ mit $\frac{5}{11}$

a) Sind die Brüche gleichnamig?	ja
b) Vergleiche die Zähler miteinander	$7 > 5$
c) Wie verhält es sich dann mit den Brüchen?	$\frac{7}{11} > \frac{5}{11}$

Vergleiche $\frac{4}{9}$ mit $\frac{5}{8}$

a) Sind die Brüche gleichnamig?	nein
b) Bestimme als gemeinsamen Nenner den Hauptnenner	$9 \cdot 8 = 72$
c) Welche Erweiterungszahl benötigst du für $\frac{4}{9}$?	$72 : 9 = (8)$
d) Erweitere $\frac{4}{9}$	$\frac{4 \cdot 8}{9 \cdot 8} = \frac{32}{72}$
e) Welche Erweiterungszahl benötigst du für $\frac{5}{8}$?	$72 : 8 = (9)$
f) Erweitere $\frac{5}{8}$	$\frac{5 \cdot 9}{8 \cdot 9} = \frac{45}{72}$
g) Vergleiche die Brüche	da $\frac{32}{72} < \frac{45}{72}$, gilt auch $\frac{4}{9} < \frac{5}{8}$

Vergleiche $\frac{3}{8}$ mit $\frac{5}{12}$

a) Sind die Brüche gleichnamig?	nein
b) Bestimme als gemeinsamen Nenner den Hauptnenner:	24
c) Welche Erweiterungszahl benötigst du für $\frac{3}{8}$?	$24 : 8 = (3)$
d) Erweitere $\frac{3}{8}$	$\frac{3 \cdot 3}{8 \cdot 3} = \frac{9}{24}$
e) Welche Erweiterungszahl benötigst du für $\frac{5}{12}$?	$24 : 12 = (2)$
f) Erweitere $\frac{5}{12}$	$\frac{5 \cdot 2}{12 \cdot 2} = \frac{10}{24}$
g) Vergleiche die Brüche	da $\frac{9}{24} < \frac{10}{24}$, ist auch $\frac{3}{8} < \frac{5}{12}$

4.1 Wie addierst und subtrahierst du gleichnamige Brüche?

Merke

Addiere und subtrahiere gleichnamige Brüche so:

$\frac{2}{11} + \frac{5}{11} = \frac{2+5}{11} = \frac{7}{11}$

Zähler addieren, Nenner (hier 11) beibehalten

$\frac{9}{11} - \frac{4}{11} = \frac{9-4}{11} = \frac{5}{11}$

Zähler subtrahieren, Nenner beibehalten

Beim Addieren ergeben sich häufig Brüche wie $\frac{12}{5}$. Sie lassen sich in gemischte Zahlen verwandeln.

Merke

Brüche wie $\frac{14}{5}$, bei denen der Zähler (hier 14) **größer** als der Nenner (hier 5) ist, lassen sich so umwandeln:

$\frac{14}{5} = \frac{10+4}{5} = \frac{10}{5} + \frac{4}{5} = 2 + \frac{4}{5} = 2\frac{4}{5}$

Es entstehen **gemischte Zahlen.**

Jede gemischte Zahl besteht aus einer ganzen Zahl plus Bruch. Gemischte Zahlen lassen sich in Brüche zurückverwandeln.

Denk nach!

a) Auch solche Brüche können auftreten:

$\frac{2}{2}; \frac{4}{2}; \frac{6}{2}; \frac{8}{2}$

Schreibe sie einfacher.

b) Schreibe auch diese Brüche um:

$\frac{1}{1}; \frac{2}{1}; \frac{3}{1}; \frac{4}{1}$

c) Begründe den Satz: Die natürlichen Zahlen sind in der Menge der Bruchzahlen enthalten.

Rezept

6

$\frac{7}{19} + \frac{8}{19} = ?$

a) Sind die Brüche gleichnamig?	ja
b) Addiere die Zähler, behalte den Nenner bei	$\frac{7+8}{19}$
c) Ergebnis	$\frac{7}{19} + \frac{8}{19} = \frac{15}{19}$

$\frac{9}{11} - \frac{7}{11} = ?$

a) Sind die Brüche gleichnamig?	ja
b) Subtrahiere die Zähler unter Beibehaltung des Nenners	$\frac{9-7}{11}$
c) Ergebnis	$\frac{9}{11} - \frac{7}{11} = \frac{2}{11}$

Verwandle $\frac{27}{8}$ in eine gemischte Zahl

a) Zerlege 27 in ein Vielfaches von 8	$27 = 24 + 3$
b) Schreibe den Bruch um	$\frac{27}{8} = \frac{24+3}{8}$
c) Zerlege den Bruch in Teilbrüche	$\frac{24+3}{8} = \frac{24}{8} + \frac{3}{8}$
d) Spalte die ganze Zahl ab	$\frac{24}{8} + \frac{3}{8} = 3 + \frac{3}{8}$
e) Wie heißt die gemischte Zahl?	$3 + \frac{3}{8} = 3\frac{3}{8}$
f) Ergebnis	$\frac{27}{8} = 3\frac{3}{8}$

Verwandle $4\frac{3}{5}$ in einen Bruch

a) Spalte die gemischte Zahl auf	$4\frac{3}{5} = 4 + \frac{3}{5}$
b) Verwandle die Ganzen in Fünftel	$4 = \frac{4 \cdot 5}{5} = \frac{20}{5}$
c) Addiere die Brüche	$\frac{20}{5} + \frac{3}{5} = \frac{23}{5}$
d) Ergebnis	$4\frac{3}{5} = \frac{23}{5}$

Rezept

6

$2\frac{3}{7} + 1\frac{5}{7} = ?$

a) Addiere **nur** die ganzen Zahlen	$2 + 1 = 3$
b) Addiere **nur** die Brüche	$\frac{3}{7} + \frac{5}{7} = \frac{8}{7}$
c) Verwandle $\frac{8}{7}$ in eine gemischte Zahl	$\frac{8}{7} = 1\frac{1}{7}$
d) Addiere jetzt die Ganzen und die gemischte Zahl	$3 + 1\frac{1}{7} = 3 + 1 + \frac{1}{7} = 4\frac{1}{7}$
e) Ergebnis	$2\frac{3}{7} + 1\frac{5}{7} = 4\frac{1}{7}$

$4\frac{1}{5} - 2\frac{3}{5} = ?$

Bei diesen Aufgaben ist es meist günstiger, die Ganzen nicht getrennt zu verrechnen wie beim Addieren.

a) Verwandle $4\frac{1}{5}$ in einen Bruch	$4\frac{1}{5} = 4 + \frac{1}{5} = \frac{20}{5} + \frac{1}{5} = \frac{21}{5}$
b) Verwandle $2\frac{3}{5}$ in einen Bruch	$2\frac{3}{5} = 2 + \frac{3}{5} = \frac{10}{5} + \frac{3}{5} = \frac{13}{5}$
c) Wie lautet jetzt die Gesamtaufgabe?	$\frac{21}{5} - \frac{13}{5}$
d) Gleichnamige Brüche kannst du subtrahieren	$\frac{21}{5} - \frac{13}{5} = \frac{21-13}{5} = \frac{8}{5}$
e) Verwandle $\frac{8}{5}$ in eine gemischte Zahl	$\frac{8}{5} = \frac{5}{5} + \frac{3}{5} = 1 + \frac{3}{5} = 1\frac{3}{5}$
f) Ergebnis	$4\frac{1}{5} - 2\frac{3}{5} = 1\frac{3}{5}$

4.2 Wie addierst und subtrahierst du ungleichnamige Brüche?

Merke

Ungleichnamige Brüche müssen vor dem Addieren bzw. Subtrahieren gleichnamig gemacht werden.

Als gemeinsamen Nenner für die Brüche nimmt man den **Hauptnenner**. Er ist das kgV beider Nenner.

Wie du das kgV berechnest, kannst du im Kapitel 1 nachschlagen. Du kannst die Berechnung des Hauptnenners aber auch so durchführen:

$\frac{11}{15} + \frac{7}{10}$

Möglicher gemeinsamer Nenner: $15 \cdot 10 = 150$

Er ist zu groß, weil 15 und 10 als größten gemeinsamen Teiler 5 besitzen (ggT (15, 10) = 5).

Also **Hauptnenner:** $150 : 5 = 30$

$\frac{11}{15} + \frac{7}{10} = \frac{22}{30} + \frac{21}{30} = \frac{43}{30} = 1\frac{13}{30}$

Denk nach!

Kontrolliere, ob folgende Beziehung gilt:

Du hast zwei Nenner a und b. Bilde $a \cdot b$, dann kgV (a,b) und schließlich ggT (a, b).

Gilt nun $a \cdot b$: ggT (a, b) = kgV (a, b)?

Überprüfe es

a) an 40 und 30

b) an 25 und 16

Rezept

6

$\frac{7}{8} + \frac{5}{6} = ?$

a) Sind die Brüche gleichnamig?	nein
b) Suche den Hauptnenner	$8 \cdot 6 = 48$ ggT (8, 6) = 2 $48 : 2 = \boxed{24}$
c) Erweitere $\frac{7}{8}$ auf den Hauptnenner	Erweiterungszahl: 24 : 8 = ③ $\frac{7 \cdot 3}{8 \cdot 3} = \frac{21}{24}$
d) Erweitere $\frac{5}{6}$ ebenso	Erweiterungszahl: 24 : 6 = ④ $\frac{5 \cdot 4}{6 \cdot 4} = \frac{20}{24}$
e) Addiere	$\frac{21}{24} + \frac{20}{24} = \frac{21 + 20}{24} = \frac{41}{24}$
f) Verwandle in eine gemischte Zahl	$\frac{41}{24} = \frac{24}{24} + \frac{17}{24} = 1 + \frac{17}{24} = 1\frac{17}{24}$
g) Ergebnis	$\frac{7}{8} + \frac{5}{6} = 1\frac{17}{24}$

$2\frac{3}{4} + 4\frac{1}{3} = ?$

a) Addiere nur die Ganzen	$2 + 4 = 6$
b) Welche Aufgabe bleibt übrig?	$\frac{3}{4} + \frac{1}{3}$
c) Hauptnenner bestimmen	$4 \cdot 3 = 12$ ggT (4,3) = 1 $12 : 1 = 12$; also: $\boxed{12}$
d) Erweitern von $\frac{3}{4}$ auf den Hauptnenner:	Erweiterungszahl: 12 : 4 = ③ $\frac{3 \cdot 3}{4 \cdot 3} = \frac{9}{12}$
e) Erweitern von $\frac{1}{3}$	Erweiterungszahl: 12 : 3 = ④ $\frac{1 \cdot 4}{3 \cdot 4} = \frac{4}{12}$
f) Addieren	$\frac{9}{12} + \frac{4}{12} = \frac{9 + 4}{12} = \frac{13}{12}$
g) Verwandeln in gemischte Zahl	$\frac{13}{12} = \frac{12}{12} + \frac{1}{12} = 1\frac{1}{12}$
h) Addiere jetzt die Ganzen aus a)	$6 + 1\frac{1}{12} = 6 + 1 + \frac{1}{12} = 7\frac{1}{12}$
i) Ergebnis	$2\frac{3}{4} + 4\frac{1}{3} = 7\frac{1}{12}$

Rezept

6

$\frac{7}{12} - \frac{4}{9} = ?$

a) Sind die Brüche gleichnamig?	nein
b) Suche den Hauptnenner	$12 \cdot 9 = 108$ ggT (12, 9) = 3 $108 : 3 = \boxed{36}$
c) Erweitern von $\frac{7}{12}$	Erweiterungszahl: $36 : 12 = (3)$ $\frac{7 \cdot 3}{12 \cdot 3} = \frac{21}{36}$
d) Erweitern von $\frac{4}{9}$	Erweiterungszahl: $36 : 9 = (4)$ $\frac{4 \cdot 4}{9 \cdot 4} = \frac{16}{36}$
e) Subtrahieren	$\frac{21}{36} - \frac{16}{36} = \frac{21-16}{36} = \frac{5}{36}$
f) Ergebnis	$\frac{7}{12} - \frac{4}{9} = \frac{5}{36}$

$3\frac{1}{4} - 1\frac{7}{10} = ?$

a) Verwandle $3\frac{1}{4}$ in einen Bruch	$3\frac{1}{4} = 3 + \frac{1}{4} = \frac{12}{4} + \frac{1}{4} = \frac{13}{4}$
b) Verwandle $1\frac{7}{10}$ in einen Bruch	$1\frac{7}{10} = 1 + \frac{7}{10} = \frac{10}{10} + \frac{7}{10} = \frac{17}{10}$
c) Wie heißt jetzt die Gesamtaufgabe?	$\frac{13}{4} - \frac{17}{10}$
d) Sind die Brüche gleichnamig?	nein
e) Hauptnenner	$4 \cdot 10 = 40$ ggT (4, 10) = 2 $40 : 2 = \boxed{20}$
f) $\frac{13}{4}$ erweitern auf Hauptnenner	Erweiterungszahl: $20 : 4 = (5)$ $\frac{13 \cdot 5}{4 \cdot 5} = \frac{65}{20}$
g) $\frac{17}{10}$ erweitern	Erweiterungszahl: $20 : 10 = (2)$ $\frac{17 \cdot 2}{10 \cdot 2} = \frac{34}{20}$
h) Subtrahiere	$\frac{65}{20} - \frac{34}{20} = \frac{65-34}{20} = \frac{31}{20}$
i) $\frac{31}{20}$ in gemischte Zahl verwandeln	$\frac{31}{20} = \frac{20}{20} + \frac{11}{20} = 1\frac{11}{20}$
j) Ergebnis	$3\frac{1}{4} - 1\frac{7}{10} = 1\frac{11}{20}$

4.3 Wie multiplizierst du Brüche?

Merke

So wird ein **Bruch** ($\frac{4}{5}$) mit einer **natürlichen Zahl** (7) multipliziert:

$$\frac{4}{5} \cdot 7 = \frac{4 \cdot 7}{5} = \frac{28}{5} = 5\frac{3}{5}$$

Regel: Zähler (4) mit Zahl (7) malnehmen und Nenner (5) unverändert hinschreiben.

Die Multiplikation von Brüchen mit natürlichen Zahlen kannst du auch als Sonderfall der Aufgabe Bruch mal Bruch auffassen; denn jede natürliche Zahl lässt sich als Bruch schreiben, wie z. B. 7 als $\frac{7}{1}$.

Merke

So musst du die Aufgabe **Bruch mal Bruch** lösen:

$$\frac{2}{3} \cdot \frac{4}{5} = \frac{2 \cdot 4}{3 \cdot 5} = \frac{8}{15}$$

Regel: Zähler (2) mal Zähler (4), dividiert durch Nenner (3) mal Nenner (5).

Denk nach!

Untersuche, ob du

a) bei der Multiplikation von Bruch mal Zahl und

b) bei Bruch mal Bruch die Reihenfolge vertauschen darfst.

Nimm als Beispiele $\frac{3}{5} \cdot 4$ und $\frac{7}{8} \cdot \frac{5}{6}$.

6

Rezept

6

$\frac{5}{12} \cdot 8 = ?$

a) Schreibe die 8 mit auf den Bruchstrich	$\frac{5}{12} \cdot 8 = \frac{5 \cdot 8}{12}$
b) Kürze, wenn möglich	$\frac{5 \cdot \cancel{8}^{2}}{\cancel{12}_{3}} = \frac{5 \cdot 2}{3}$
c) Multipliziere	$\frac{10}{3}$
d) Verwandle in eine gemischte Zahl	$\frac{10}{3} = 3\frac{1}{3}$
e) Ergebnis	$\frac{5}{12} \cdot 8 = 3\frac{1}{3}$

$5\frac{3}{4} \cdot 6 = ?$

a) Gemischte Zahl in Bruch verwandeln	$5\frac{3}{4} = \frac{20 + 3}{4} = \frac{23}{4}$
b) Schreibe die 6 mit auf den Bruchstrich	$\frac{23}{4} \cdot 6 = \frac{23 \cdot 6}{4}$
c) Kürze, wenn möglich	$\frac{23 \cdot \cancel{6}^{3}}{\cancel{4}_{2}} = \frac{23 \cdot 3}{2}$
d) Multipliziere	$\frac{69}{2}$
e) Verwandle in eine gemischte Zahl	$\frac{69}{2} = 34\frac{1}{2}$
f) Ergebnis	$5\frac{3}{4} \cdot 6 = 34\frac{1}{2}$

$\frac{7}{8} \cdot \frac{5}{14} = ?$

a) Rechne Zähler mal Zähler und Nenner mal Nenner	$\frac{7}{8} \cdot \frac{5}{14} = \frac{7 \cdot 5}{8 \cdot 14}$
b) Kürze, wenn möglich	$\frac{\cancel{7}^{1} \cdot 5}{8 \cdot \cancel{14}_{2}} = \frac{1 \cdot 5}{8 \cdot 2}$
c) Führe die Multiplikation aus	$\frac{5}{16}$
d) Ergebnis	$\frac{7}{8} \cdot \frac{5}{14} = \frac{5}{16}$

$2\frac{1}{4} \cdot \frac{3}{8} = ?$

Rezept

a) Wandle die gemischte Zahl um	$2\frac{1}{4} = \frac{9}{4}$
b) Notiere die neue Aufgabe	$\frac{9}{4} \cdot \frac{3}{8}$
c) Kannst du kürzen?	nein
d) Rechne Zähler mal Zähler und Nenner mal Nenner	$\frac{9 \cdot 3}{4 \cdot 8} = \frac{27}{32}$
e) Ergebnis	$2\frac{1}{4} \cdot \frac{3}{8} = \frac{27}{32}$

4.4 Wie dividierst du Brüche?

Merke

So teilst du einen Bruch durch eine **natürliche Zahl**:

$\frac{4}{5} : 9 = \frac{4}{5 \cdot 9} = \frac{4}{45}$

Regel: Zähler (4) unverändert lassen, Nenner (5) mit Zahl (9) malnehmen.

Auch die Division durch eine natürliche Zahl (9) kannst du als Sonderfall der Aufgabe „Bruch geteilt durch Bruch" auffassen, indem du die Zahl in einen Bruch verwandelst ($9 = \frac{9}{1}$).

6

Merke

Bruch durch **Bruch** musst du so rechnen:

$\frac{3}{4} : \frac{5}{7} = \frac{3}{4} \cdot \frac{7}{5} = \frac{3 \cdot 7}{4 \cdot 5} = \frac{21}{20}$

Kehrwert

Regel: Ersten Bruch mit dem **Kehrwert des zweiten Bruches** malnehmen.

Kehrwert: In einem Bruch Zähler und Nenner vertauschen.

Denk nach!

a) Stimmt diese Aussage: Einen Bruch multipliziert mit seinem Kehrwert ergibt immer 1.
Prüfe es an einem Beispiel nach.

b) Ist der Kehrwert von $2\frac{1}{2}$ wirklich $\frac{2}{5}$?

Rezept

6

$\frac{6}{7} : 9 = ?$

a) Zähler hinschreiben, Nenner mit Zahl malnehmen	$\frac{6}{7} : 9 = \frac{6}{7 \cdot 9}$
b) Kürze, wenn möglich	$\frac{\cancel{6}^{2}}{7 \cdot \cancel{9}_{3}} = \frac{2}{7 \cdot 3}$
c) Nenner ausmultiplizieren	$\frac{2}{7 \cdot 3} = \frac{2}{21}$
d) Ergebnis	$\frac{6}{7} : 9 = \frac{2}{21}$

$2\frac{1}{4} : 3 = ?$

a) Gemischte Zahl in Bruch verwandeln	$2\frac{1}{4} = \frac{9}{4}$
b) Wie heißt die neue Aufgabe?	$2\frac{1}{4} : 3 = \frac{9}{4} : 3$
c) Zähler hinschreiben, Nenner mit Zahl malnehmen	$\frac{9}{4} : 3 = \frac{9}{4 \cdot 3}$
d) Kürzen, wenn möglich	$\frac{\cancel{9}^{3}}{4 \cdot \cancel{3}_{1}} = \frac{3}{4 \cdot 1}$
e) Nenner ausmultiplizieren	$\frac{3}{4 \cdot 1} = \frac{3}{4}$
f) Ergebnis	$2\frac{1}{4} : 3 = \frac{3}{4}$

$\frac{3}{4} : \frac{5}{8} = ?$

a) Bilde den Kehrwert vom zweiten Bruch	$\frac{5}{8} \rightarrow \frac{8}{5}$
b) Bilde jetzt die Multiplikationsaufgabe	$\frac{3}{4} \cdot \frac{8}{5}$
c) Rechne Zähler mal Zähler durch Nenner mal Nenner	$\frac{3}{4} \cdot \frac{8}{5} = \frac{3 \cdot 8}{4 \cdot 5}$
d) Kürze, wenn möglich	$\frac{3 \cdot \cancel{8}^{2}}{\cancel{4}_{1} \cdot 5} = \frac{3 \cdot 2}{1 \cdot 5}$
e) Multipliziere	$\frac{3 \cdot 2}{1 \cdot 5} = \frac{6}{5}$
f) Verwandle in eine gemischte Zahl	$\frac{6}{5} = 1\frac{1}{5}$
g) Ergebnis	$\frac{3}{4} : \frac{5}{8} = 1\frac{1}{5}$

6

$4\frac{1}{2} : 1\frac{5}{6} = ?$

Rezept

a) Schreibe die gemischten Zahlen als Brüche	$4\frac{1}{2} = \frac{9}{2} \qquad 1\frac{5}{6} = \frac{11}{6}$
b) Notiere die neue Aufgabe	$4\frac{1}{2} : 1\frac{5}{6} = \frac{9}{2} : \frac{11}{6}$
c) Bilde den Kehrwert von $\frac{11}{6}$	$\frac{11}{6} \rightarrow \frac{6}{11}$
d) Nimm mit dem Kehrwert mal	$\frac{9}{2} : \frac{11}{6} = \frac{9}{2} \cdot \frac{6}{11}$
e) Rechne Zähler mal Zähler durch Nenner mal Nenner	$\frac{9}{2} \cdot \frac{6}{11} = \frac{9 \cdot 6}{2 \cdot 11}$
f) Kürze, wenn möglich	$\frac{9 \cdot \not{6}^{3}}{\not{2}_{1} \cdot 11} = \frac{9 \cdot 3}{1 \cdot 11}$
g) Multipliziere	$\frac{9 \cdot 3}{1 \cdot 11} = \frac{27}{11}$
h) Verwandle in eine gemischte Zahl	$\frac{27}{11} = 2\frac{5}{11}$
i) Ergebnis	$4\frac{1}{2} : 1\frac{5}{6} = 2\frac{5}{11}$

5.1 Arbeiten mit Stellenwerttafeln

Merke

Die für natürliche Zahlen verwendete Stellenwerttafel lässt sich nach rechts um Zehntel, Hundertstel usw. erweitern.

100	10	1	$\frac{1}{10}$	$\frac{1}{100}$	$\frac{1}{1000}$
	3	5	1	7	3
	30	+5	$+\frac{1}{10}$	$+\frac{7}{100}$	$+\frac{3}{1000}$

Dem Aufbau unserer Stellenwerttafeln liegt die 10 zugrunde. Ob wir nach links oder rechts in der Stellenwerttafel weitergehen, immer sind es Zehnerschritte (nach links) oder Zehntelschritte (nach rechts): Wir benutzen eben ein dezimales Stellenwertsystem (Zehnersystem).
Es gibt aber auch andere Zahlensysteme. Wenn du ein Computerfreak bist, kennst du das Digitalsystem (Dualsystem). Es arbeitet mit Zweierschritten.

Denk nach!

Die Römer hatten ein völlig anderes Zahlensystem als unseres.
Hier ihre Zahlzeichen:

I	V	X	L	C	D	M
1	5	10	50	100	500	1000

a) Notiere die Zahlen von 1 bis 10: I II …

b) Schreibe alle Zehner von 10 bis 100 auf.

c) Wie schreiben sich alle Hunderter von 100 bis 1000?

6

100	10	1	$\frac{1}{10}$	$\frac{1}{100}$	$\frac{1}{1000}$
	5	4	1	6	9

Rezept

Welcher Wert ist hier eingetragen?

a) Beginne von links

$⑤ \cdot 10 + ④ \cdot 1 + ① \cdot \frac{1}{10} + ⑥ \cdot \frac{1}{100} + ⑨ \cdot \frac{1}{1000}$

b) Führe die Multiplikationen aus

$50 + 4 + \frac{1}{10} + \frac{6}{100} + \frac{9}{1000}$

Trage $900 + 80 + 6 + \frac{3}{10} + \frac{7}{100}$ in die Stellenwerttafel ein

a) Zeichne eine Stellentafel

100	10	1	$\frac{1}{10}$	$\frac{1}{100}$	$\frac{1}{1000}$

b) Zerlege die einzelnen Zahlen

$⑨ \cdot 100 + ⑧ \cdot 10 + ⑥ \cdot 1 + ③ \cdot \frac{1}{10} + ⑦ \cdot \frac{1}{100}$

c) Trage jetzt die Zahlen ein

100	10	1	$\frac{1}{10}$	$\frac{1}{100}$	$\frac{1}{1000}$
9	8	6	3	7	

6

5.2 Was sind Dezimalbrüche?

Merke

Für $20 + 5 + \frac{4}{10} + \frac{3}{100} + \frac{1}{1000}$

schreibt man kürzer

25,431

und nennt diese Schreibweise **Dezimalbruch.**
Das Komma trennt die Ganzen von den Zehnerbrüchen.

Dezimalbrüche spielen beim Rechnen mit Geldwerten, Längen und Gewichten eine große Rolle. Es ist daher wichtig, dass du mit Dezimalbrüchen umgehen kannst.

Denk nach!

Auch im Bank- und Versicherungswesen spielen bestimmte Dezimalbrüche eine so wichtige Rolle, dass man ihnen Namen und Zeichen zugeordnet hat:

Prozent: $1\,\% = \frac{1}{100} = 0{,}01$

Promille: $1\,‰ = \frac{1}{1000} = 0{,}001$

a) Rechne ein Prozent in Promille um.

b) Schreibe 25 % und 80 ‰ jeweils als Dezimalbrüche.

c) Wie viel Promille sind 0,007 und wie viel Prozent sind 0,12?

Rezept

6

Schreibe $70 + 5 + \frac{3}{10} + \frac{7}{100}$ als Dezimalbruch

a) Wie viel Ganze sind es?	$70 + 5 = 75$
b) Notiere nun den Dezimalbruch	75,37
c) Ergebnis	$70 + 5 + \frac{3}{10} + \frac{7}{100} = 75{,}37$

Schreibe $8 + \frac{3}{100} + \frac{6}{1000}$ als Dezimalbruch

a) Wie viel Ganze sind es?	8
b) Welcher Stellenwert fehlt?	Zehntel
c) Setze an die Stelle des fehlenden Stellenwertes eine 0	8,036
d) Ergebnis	$8 + \frac{3}{100} + \frac{6}{1000} = 8{,}036$

Schreibe $\frac{4}{10} + \frac{5}{100} + \frac{1}{1000}$ als Dezimalbruch

a) Wie viel Ganze sind es?	0
b) Fehlen Stellenwerte?	nein
c) Notiere nun den Dezimalbruch	0,451
d) Ergebnis	$\frac{4}{10} + \frac{5}{100} + \frac{1}{1000} = 0{,}451$

Verwandle $\frac{725}{100}$ in einen Dezimalbruch

a) Zerlege den Bruch in Hundertstel	$\frac{725}{100} = \frac{700}{100} + \frac{20}{100} + \frac{5}{100}$
b) Kürze durch 100 bzw. 10	$\frac{70\not{0}}{10\not{0}} + \frac{2\not{0}}{10\not{0}} + \frac{5}{100} = \frac{7}{1} + \frac{2}{10} + \frac{5}{100}$
c) Wie viel Ganze sind es?	$\frac{7}{1} = 7$
d) Schreibe als Dezimalbruch	7,25
e) Ergebnis	$\frac{725}{100} = 7{,}25$

Verwandle $\frac{17}{1000}$ in einen Dezimalbruch

Rezept

a) Zerlege den Bruch in Tausendstel	$\frac{17}{1000} = \frac{10}{1000} + \frac{7}{1000}$
b) Kürze	$\frac{1\not{0}}{100\not{0}} + \frac{7}{1000} = \frac{1}{100} + \frac{7}{1000}$
c) Wie viel Ganze sind es?	0
d) Welche Stellenwerte fehlen?	Zehntel
e) Schreibe als Dezimalbruch	0,017
f) Ergebnis	$\frac{17}{1000} = 0{,}017$

6

5.3 Vergleichen und Runden von Dezimalbrüchen

Merke

Beim Größenvergleich von zwei Dezimalbrüchen musst du jeweils die Ziffern der **gleichen** Stellenwerte miteinander vergleichen, also Einer mit Einern, Zehntel mit Zehnteln usw. Entscheidend ist ihr **erstes** Abweichen voneinander.

$7{,}2\boxed{5}3 > 7{,}2\boxed{4}5$

erstes Abweichen: $5 > 4$

Neben dem Größenvergleich von Dezimalbrüchen musst du auch die Rundungsregeln für Dezimalbrüche beherrschen.

Merke

Ist die nächstfolgende Ziffer, auf die gerundet werden soll 5, 6, 7, 8 oder 9, so wird **aufgerundet**. Bei 0, 1, 2, 3 oder 4 wird dagegen **abgerundet**.

Zwischen Dezimalbruch und gerundetem Dezimalbruch setzt man das Zeichen „≈“, gelesen „ungefähr gleich“, z. B.

$0{,}845 \approx 0{,}85$.

Denk nach!

Ist hier korrekt gerundet?

a) 2,3446 soll auf zwei Stellen nach dem Komma gerundet werden. Timo rundet erst auf drei Stellen nach dem Komma und das gerundete Ergebnis auf zwei Stellen. Steffi rundet gleich auf zwei Stellen. Erhalten beide das gleiche Ergebnis?

b) Timo und Steffi versuchen es mit 7,3442 noch einmal in gleicher Weise. Bekommen jetzt beide das gleiche Ergebnis?

Rezept

Setze zwischen 7,125 und 7,128 das Zeichen > bzw. <

a) Vergleiche Stellenwert auf Stellenwert mit den Ganzen beginnend	7,12(5) 7,12(8) 5 < 8
b) Ergebnis	7,125 < 7,128

Ordne 2,041 und 2,41 und 2,004 der Größe nach. Beginne mit dem kleinsten Dezimalbruch

a) Vergleiche den 1. Dezimalbruch mit dem 2. Dezimalbruch	2,(0)41 2,(4)1 0 < 4 also: 2,041 < 2,41
b) Nimm den **kleineren** von beiden Brüchen und vergleiche ihn mit dem 3. Dezimalbruch	2,0(4)1 2,0(0)4 4 > 1 also: 2,041 > 2,004
c) Schreibe die Beziehung > in < um	2,004 < 2,041
d) Was ergibt sich aus a) und c)?	2,004 < 2,041 < 2,41

Runde 1,744 auf zwei Stellen nach dem Komma (Hundertstel)

a) Welche Ziffer steht an der 3. Stelle nach dem Komma?	4
b) Musst du auf- oder abrunden?	abrunden
c) Runde ab	1,74
d) Ergebnis	$1{,}744 \approx 1{,}74$

Runde 3,07953 auf drei Stellen nach dem Komma

Rezept

a) Welche Ziffer steht an der 4. Stelle nach dem Komma	5
b) Auf- oder abrunden?	aufrunden
c) Runde auf. Achtung! Es verändert sich auch die 2. Stelle!	3,080
d) Ergebnis	$3{,}07953 \approx 3{,}080$

6

6.1 Wie kürzt und erweitert man Dezimalbrüche?

Merke

Erweitern:

$$\frac{3}{10} \overset{\cdot 10}{=} \frac{30}{100} \overset{\cdot 10}{=} \frac{300}{1000} \overset{\cdot 10}{=} \frac{3000}{10\,000}$$

also Nullen anhängen

0,3 = 0,30 = 0,300 = 0,3000

Kürzen:

$$\frac{7000}{10\,000} \overset{:10}{=} \frac{700}{1000} \overset{:10}{=} \frac{70}{100} \overset{:10}{=} \frac{7}{10}$$

also Nullen streichen

0,7000 = 0,700 = 0,70 = 0,7

Beachte:
Beim Erweitern und Kürzen ändert sich **nicht** die Größe des Bruches.

Für das Arbeiten mit Dezimalbrüchen gibt es Regeln und Gesetze. Die Ableitung und Begründung dafür stammt meist aus der Bruchrechnung, in der mit Bruchstrich gearbeitet wird.
Man könnte sagen: Zuerst war der Bruchstrich, dann das Komma.

Denk nach!

Das Multiplizieren mit 10 und Dividieren durch 10 lässt sich in unserem Zahlensystem besonders einfach ausführen.

Wie verhält es sich damit im römischen Zahlensystem?
Untersuche es selbst.

a) 25 · 10 = 250 XXV · X = ________________

b) 370 : 10 = 37 ________________

Rezept

6

Erweitere 3,75 mit 100

a) Wie viele Nullen hat 100?	2
b) Musst du beim Erweitern Nullen anhängen oder streichen?	anhängen
c) Hänge also an 3,75 zwei Nullen an, ohne die Kommastellen zu verändern	3,75⓪⓪
d) Ergebnis	3,75 = 3,7500

Kürze 2,040 durch 10

a) Wie viele Nullen hat 10?	1
b) Musst du beim Kürzen Nullen anhängen oder streichen?	streichen
c) Kürze	2,04∅
d) Ergebnis	2,040 = 2,04

Vergleiche 3,21 mit 3,210
Setze < , > bzw. = ein

a) Kannst du einen der beiden Dezimalbrüche kürzen?	ja, 3,210
b) Kürze ihn	3,21∅ = 3,21
c) Vergleiche jetzt die beiden Dezimalbrüche und setze das richtige Zeichen	3,21 = 3,210

Vergleiche 0,745 mit 0,754.
Setze <, > bzw. = ein.

a) Lässt sich einer der beiden Dezimalbrüche kürzen?	nein
b) Vergleiche, wie du es gelernt hast	0,7④5 0,7⑤4 4 < 5
c) Ergebnis	0,745 < 0,754

6.2 So wird addiert und subtrahiert

Merke

Dezimalbrüche müssen beim schriftlichen Addieren und Subtrahieren so aufgeschrieben werden, dass Komma unter Komma und damit Zehntel unter Zehnteln, Hundertstel unter Hundertsteln usw. steht.

$$\begin{array}{rr} & 2{,}05 \\ + & 17{,}3 \\ + & 0{,}421 \\ \hline & 19{,}771 \end{array}$$

← Die Lücken **dürfen**
← durch Nullen aufgefüllt werden

$$\begin{array}{rr} & 2{,}050 \\ + & 17{,}300 \\ + & 0{,}421 \\ \hline & 19{,}771 \end{array}$$

$$\begin{array}{rr} & 17{,}2 \\ - & 8{,}032 \\ \hline & \end{array}$$

← Die Lücken werden jetzt durch Nullen aufgefüllt

$$\begin{array}{rr} & 17{,}200 \\ - & 8{,}032 \\ \hline & 9{,}168 \end{array}$$

Beim Addieren und Subtrahieren wirst du kaum Probleme haben. Achte nur darauf, dass die Zahlen richtig untereinander geschrieben werden müssen. Kommen Zahlen ohne Komma vor, so schreibe sie mit Komma: (25 = 25,0).

Denk nach!

Hier sind beim schriftlichen Rechnen Ziffern verloren gegangen. Kannst du sie wieder einfügen?

a)
$$\begin{array}{rr} & \_{,}025 \\ + & 1{,}\_\_\_ \\ + & 0{,}270 \\ \hline & 8{,}693 \end{array}$$

b)
$$\begin{array}{rr} & \_{,}204 \\ - & 3{,}\_4\_ \\ \hline & 3{,}0\_5 \end{array}$$

Rezept

3,75 + 125 + 0,841 = ?

a) Ist eine Zahl ohne Komma dabei? — ja; 125

b) Schreibe 125 mit Komma — 125,0

c) Ordne die Zahlen so an, dass Komma unter Komma steht

```
    3,75
+ 125,0
+   0,841
```

d) Fülle die Lücken hinter dem Komma mit Nullen auf und addiere

```
    3,750
+ 125,000
+   0,841
  -------
  129,591
```

e) Ergebnis — 3,75 + 125 + 0,841 = 129,591

417 – 8,734 = ?

a) Ist eine Zahl ohne Komma dabei? — ja; 417

b) Schreibe 417 mit Komma — 417,0

c) Ordne die Zahlen so an, dass Komma unter Komma steht

```
  417,0
–   8,734
```

d) Fülle die Lücken hinter dem Komma mit Nullen auf und subtrahiere

```
  417,000
–   8,734
  -------
  408,266
```

e) Ergebnis — 417 – 8,734 = 408,266

6.3 So multiplizierst und dividierst du mit Zehnerzahlen

Merke

Multipliziert man einen Dezimalbruch mit 10, 100, 1000 usw., so verschiebt man das Komma um 1, 2, 3 usw. Stellen nach **rechts**.

		2		
1,307	·	100	=	130,7
		3		
0,0432	·	1000	=	43,2

Bei manchen Aufgaben musst du Nullen anhängen, damit du das Komma entsprechend viele Stellen nach rechts verschieben kannst.

Beispiel:

		3				
0,43	·	1000				
0,430	·	1000	=	430,0	=	430
3						

Merke

Dividiert man durch 10, 100, 1000 usw., so muss das Komma um 1, 2, 3 usw. Stellen nach **links** verschoben werden.

		2		
17,5	:	100	=	0,175
		1		
241,07	:	10	=	24,107
				1

Auch bei diesen Aufgaben setzt du Nullen, um das Komma verschieben zu können.

Beispiele:

0,78	:	100 (2 Nullen)	=	0,0078 (Komma 2 Stellen nach links)
1,7	:	1000 (3 Nullen)	=	0,0017 (Komma 3 Stellen nach links)

Denk nach!

a) Du sollst einen Dezimalbruch erst mit 10 000 malnehmen, dann aber durch 100 teilen.
Beschreibe, was mit dem Komma geschieht.

b) Wie muss das Komma gesetzt werden, wenn du durch 1000 teilst, dann mit 10 malnimmst?

Rezept

2,045 · 100 = ?

a) Nach welcher Seite muss das Komma verschoben werden?	nach rechts
b) Um wie viele Stellen?	2
c) Ergebnis	2,045 · 100 = 204,5 (Komma um 2 Stellen verschoben)

12,3 · 1000 = ?

a) Nach welcher Seite muss das Komma verschoben werden?	nach rechts
b) Um wie viele Stellen?	3
c) Musst du Nullen anhängen?	ja
d) Ergebnis	12,3 · 1000 = 12 300,0 = 12 300 (Komma um 3 Stellen verschoben)

17,54 : 10 = ?

a) Nach welcher Seite muss das Komma verschoben werden?	nach links
b) Um wie viele Stellen?	1
c) Ergebnis	17,54 : 10 = 1,754 (Komma um 1 Stelle verschoben)

1,5 : 1000 = ?

a) Nach welcher Seite muss das Komma verschoben werden?	nach links
b) Um wie viele Stellen?	3
c) Musst du Nullen setzen?	ja
d) Ergebnis	1,5 : 1000 = 0,0015 (Komma um 3 Stellen verschoben)

6

6.4 So musst du multiplizieren

Merke

Multipliziere ohne das Komma zu beachten.

Setze im Ergebnis ein Komma, indem du von **hinten** so viele Stellen abzählst, wie beide Faktoren zusammen **hinter** dem Komma besetzen.

```
  1        3
4,7  ·  0,132
        47
        141
          94
       0,6204

       1 + 3 = 4
```

Da schriftliches Multiplizieren schwieriger als Addieren und Subtrahieren ist, können in deiner Rechnung leider Fehler auftreten. Du solltest daher eine Kontrollaufgabe rechnen. Vertausche dazu die Faktoren der ursprünglichen Aufgabe. War deine Aufgabe richtig, so erhältst du jetzt das gleiche Ergebnis.

Denk nach!

a) Jens hat so gerechnet:

$4{,}7 \cdot 0{,}132 = 0{,}6404$

Ist das Ergebnis richtig? Wenn nötig, korrigiere es.

b) Wie sieht es hier aus?

$0{,}123 \cdot 3{,}2 = 3{,}936$

Rezept

2,71 · 0,251 = ?

a) Wie viele Stellen hat 2,71 hinter dem Komma? — 2

b) Wie viele Stellen sind es bei 0,251? — 3

c) Wie viele Stellen sind es also insgesamt? — $2 + 3 = 5$

d) Führe die Multiplikation aus

$$\begin{array}{r} 2{,}71 \cdot 0{,}251 \\ \hline 542 \\ 1355 \\ 271 \\ \hline 68021 \end{array}$$

e) Zähle von hinten 5 Stellen ab und setze das Komma — 0,68021 (5 Stellen)

f) Ergebnis — $2{,}71 \cdot 0{,}251 = 0{,}68021$

215 · 0,041 = ?

a) Wie viele Stellen hat 215 hinter dem Komma? — 0

b) Wie viele sind es bei 0,041? — 3

c) Wie viele also insgesamt? — $0 + 3 = 3$

d) Führe die Multiplikation aus

$$\begin{array}{r} 215 \cdot 0{,}041 \\ \hline 860 \\ 215 \\ \hline 8815 \end{array}$$

e) Zähle von hinten 3 Stellen ab und setze das Komma — 8,815 (3 Stellen)

f) Ergebnis — $215 \cdot 0{,}041 = 8{,}815$

6

6.5 So musst du dividieren

Merke

Erweitere beim Dividieren so, dass die Zahl, durch die du teilst (also die 2. Zahl), eine natürliche Zahl wird. Ein Komma wird im Ergebnis dann gesetzt, wenn das Komma der ersten Zahl beim Rechnen überschritten wird.

```
0,6944   :   1,24 =
  69,44  :   124 = 0,56
   0
  694        Komma überschritten,
  620        also Komma setzen!
   744
   744
     0
```

Auch Divisionen solltest du auf ihre Richtigkeit überprüfen. Eine Divisionsaufgabe kannst du durch eine Multiplikationsaufgabe kontrollieren.

Beispiel:

Aufgabe:	0,852 : 0,71 = 1,2	
Probeaufgabe		1,2 · 0,71 = 0,852

Denk nach!

a) Ist diese Aufgabe richtig gerechnet?

69,496 : 0,56 = 124,2

Wenn nötig, korrigiere das Ergebnis.

b) Wie verhält es sich hier?

0,8815 : 0,041 = 21,5

Rezept

0,6232 : 4,1 = ?

a) Mit welcher Zahl musst du erweitern, damit die zweite Zahl ganzzahlig wird?
mit 10

b) Erweitere mit 10
0,6232 : 4,1 = 6,232 : 41

c) Dividiere und achte darauf, wann du das Komma überschreitest

```
6,232 : 41 = 0,152
0
62  → Komma setzen
41
213
205
  82
  82
   0
```

d) Ergebnis
0,6232 : 4,1 = 0,152

13,92 : 0,58 = ?

a) Mit welcher Zahl musst du erweitern, damit die zweite Zahl ganzzahlig wird?
mit 100

b) Erweitere mit 100
13,92 : 0,58 = 1392 : 58

c) Dividiere

```
1392 : 58 = 24
116
 232
 232
   0
```

d) Ergebnis
13,92 : 0,58 = 24

7.1 So lassen sich Brüche in Dezimalbrüche verwandeln

Merke

Für $\frac{3}{4}$ kannst du die Divisionsaufgabe 3 : 4 schreiben. Rechnest du sie aus, erhältst du die Dezimalschreibweise für $\frac{3}{4}$.

$\frac{3}{4} = 3 : 4 = 0{,}75$

```
 0
 ‾
 30 ──→ Komma setzen
 28
 ‾‾
  20
  20
  ‾‾
   0
```

Auch gemischte Zahlen kannst du so in Dezimalbrüche umschreiben:

Beispiel: $4\frac{3}{5} = 4 + \frac{3}{5}$

$\frac{3}{5} = 3 : 5 = 0{,}6$

```
 0
 ‾
 30 ──→ Komma setzen
 30
 ‾‾
  0
```

$4\frac{3}{5} = 4 + 0{,}6 = 4{,}6$

Vorgehensweise: Ganze Zahlen abtrennen, Brüche umwandeln wie bisher.

Zwischen Brüchen und Dezimalbrüchen gibt es diesen engen und wichtigen Zusammenhang. Du hast so immer die Möglichkeit zu entscheiden, ob du mit Brüchen oder Dezimalbrüchen arbeiten willst.

Denk nach!

a) Wenn du eine Zahl durch 4 teilst, kann die Division aufgehen. Man sagt, man erhält dann den Rest 0. Notiere alle Reste, die beim Teilen durch 4 überhaupt auftreten können.

b) Wandle diese Brüche in Dezimalbrüche um: $\frac{1}{4}$; $\frac{2}{4}$; $\frac{3}{4}$ und notiere jeweils alle Reste, die auftreten.

Rezept

Verwandle $\frac{3}{8}$ in einen Dezimalbruch

a) Welche Divisionsaufgabe musst du rechnen?

$3 : 8$

b) Dividiere

$3 : 8 = 0{,}375$

```
3 : 8 = 0,375
0
30   (Komma setzen)
24
 60
 56
  40
  40
   0
```

Komma setzen

c) Ergebnis

$\frac{3}{8} = 0{,}375$

Verwandle $\frac{3}{1000}$ in einen Dezimalbruch

a) Welche Divisionsaufgabe musst du rechnen?

$3 : 1000$

b) Dividiere
Achtung: Du musst viele Nullen setzen!

$3 : 1000 = 0{,}003$

```
3 : 1000 = 0,003
0
30   (Komma setzen!)
 0
300
  0
3000
3000
   0
```

Komma setzen!

c) Ergebnis

$\frac{3}{1000} = 0{,}003$

6

Rezept

Verwandle $5\frac{3}{4}$ in einen Dezimalbruch

a) Trenne von der gemischten Zahl die Ganzen ab	$5\frac{3}{4} = 5 + \frac{3}{4}$
b) Wandle $\frac{3}{4}$ in einen Dezimalbruch um	$\frac{3}{4} = 3 : 4 = 0{,}75$
c) Addiere ganze Zahl und Dezimalbruch	$5 + 0{,}75 = 5{,}75$
d) Ergebnis	$5\frac{3}{4} = 5{,}75$

Nebenrechnung zu b):

```
3 : 4 = 0,75
0
30
28
 20
 20
  0
```

7.2 So lassen sich Dezimalbrüche in Brüche umwandeln

Merke

Die bisher betrachteten Dezimalbrüche heißen **abbrechende Dezimalbrüche.**

Sie lassen sich so in Brüche umwandeln:

$0{,}109 = \frac{109}{1000}$

Tausendstel

Auch solche Dezimalbrüche bereiten keine Probleme:

Beispiel:

$$\begin{aligned} 2{,}25 &= 2 + 0{,}25 \\ &= 2 + \frac{25}{100} \\ &= 2 + \frac{1}{4} \\ &= 2\tfrac{1}{4} \end{aligned}$$

Vorgehensweise:
Ganze Zahlen abtrennen, Dezimalbrüche umwandeln wie bisher.

So kannst du deine Rechnung überprüfen:

Beispiel: $0{,}42 = \frac{42}{100} = \frac{21}{50}$

ergibt $\frac{21}{50}$ wieder 0,42?

$\frac{21}{50} = 21 : 50 = 0{,}42$

Also war die Rechnung richtig.

Denk nach!

a) Sieh dir diese Aufgabe an: $\frac{3}{8} = 0{,}275$
Stimmt sie?
Korrigiere sie, falls notwendig.

b) Was fällt dir auf, wenn du diese Dezimalbrüche in Brüche verwandelst?
0,75; 0,750; 0,7500
und hier?
0,5; 0,05; 0,005

Rezept

6

Wandle 0,0125 in einen Bruch um

a) Bis zu welchem Stellenwert geht der Dezimalbruch?	Zehntausendstel
b) Schreibe für den Dezimalbruch einen Bruch	$0{,}0125 = \frac{125}{10\,000}$
c) Kürze	$\frac{\not{125}^{\,1}}{\not{10\,000}_{\,80}} = \frac{1}{80}$
d) Ergebnis	$0{,}0125 = \frac{1}{80}$

Wandle 2,18 in eine gemischte Zahl um

a) Spalte die Ganzen ab	$2{,}18 = 2 + 0{,}18$
b) Bis zu welchem Stellenwert geht der Dezimalbruch?	Hundertstel
c) Schreibe für den Dezimalbruch einen Bruch	$0{,}18 = \frac{18}{100}$
d) Kürze	$\frac{\not{18}^{\,9}}{\not{100}_{\,50}} = \frac{9}{50}$
e) Füge die Ganzen wieder hinzu	$2 + \frac{9}{50} = 2\frac{9}{50}$
f) Ergebnis	$2{,}18 = 2\frac{9}{50}$

7.3 So entstehen periodische Dezimalbrüche

Merke

Beim Verwandeln von Brüchen in Dezimalbrüche können Probleme dadurch auftreten, dass nicht jede Division aufgeht. Es entstehen dann **periodische Dezimalbrüche.**

Beispiele:

$\frac{3}{4} = 3 : 4 = 0{,}75$

```
0
30
28
 20
 20
  0
```

Division bricht ab!

$\frac{2}{11} = 2 : 11 = 0{,}1818 \ldots$

```
0
20
11
 90
 88
  20
  11
   90
   88
    2
```

Division bricht nicht ab!
Reste wiederholen sich!

$\frac{3}{4} = 0{,}75$	heißt **abbrechender Dezimalbruch**
$\frac{2}{11} = 0{,}1818 \ldots$	heißt **periodischer Dezimalbruch.** Er bricht nicht ab. Die sich periodisch wiederholenden Ziffern bilden seine **Periode.**
$\frac{2}{11} = 0{,}\overline{18}$	Sie werden durch einen Querstrich gekennzeichnet.

Denk nach!

a) Welcher Rest kann bei der Division, die einen periodischen Dezimalbruch liefert, niemals auftreten?

b) Wandle $\frac{3}{11}$ in einen Dezimalbruch um.

Überlege dir, welche Reste bei der Division durch 11 auftreten könnten. Kommen sie tatsächlich alle vor?

c) Wandle $\frac{2}{7}$ um. Prüfe, welche Reste auftreten könnten und welche tatsächlich vorkommen?

Rezept

6

Schreibe den periodischen Dezimalbruch 0,023023 ... kürzer

a) Aus welchen Ziffern besteht eine Periode?

023

b) Ergebnis

$0{,}023023\ldots = 0{,}\overline{023}$

Wandle $\frac{5}{13}$ in einen Dezimalbruch um

a) Bilde eine Divisionsaufgabe

$\frac{5}{13} = 5 : 13$

b) Dividiere so lange, bis ein Rest auftaucht, den du schon hattest. Dabei zählt die 5 auch mit

$\boxed{5} : 13 = 0{,}384615\ldots$

0
50
39
110
104
60
52
80
78
20
13
70
65
$\boxed{5}$

gleicher Rest

c) Ergebnis

$\frac{5}{13} = 0{,}\overline{384615}$

Lösungen der Aufgaben „Denk nach!“

1 Teilbarkeit

1.1 a) 1 mit einem Teiler; 2 mit zwei Teilern (1, 2);
4 mit drei Teilern (1, 2, 4) und 6 mit vier Teilern (1, 2, 3, 6)
b) nein; c) ja, 1; d) beide Zahlen sind gleich; e) ja, ja

1.2 a) 12; 24; 36 …
b) $1 \cdot 2$; $2 \cdot 2$; $3 \cdot 2$ … $1 \cdot 4$; $2 \cdot 4$; $3 \cdot 4$ …
c) ja, 1 ($1 \cdot 1 = 1$)
d) Es gibt nur eine Zahl, die 0; denn $1 \cdot 0 = 0$, $2 \cdot 0 = 0$ …

1.3 a) ja, denn $70 \mid 420$
b) 420 ist auch ein Vielfaches von 70
c) nein, denn $7 + 10 = 17$; $42 + 10 = 52 \rightarrow 17 \nmid 52$
$42 + 10 = 52$; $7 + 10 = 17 \rightarrow$ 52 ist kein Vielfaches von 17

1.4 a) Ja, für 1, 4, 9, 16 …, also für alle Quadratzahlen.
b) Ja, man hört auf, wenn der Gegenteiler so groß ist wie ein schon gefundener Teiler.
c) nein

1.5 a) 2; 3; 5; 7; 11; 13; 17; 19; 23; 29
b) Ja: 11
c) nein d) nein e) nein

1.6 a) Vielfachenmenge von 2 in Vielfachmenge von 6 und 8
Vielfachenmenge von 3 in Vielfachmenge von 6
Regel: Wenn die Zahl Teiler einer anderen Zahl ist, so ist ihre Vielfachenmenge in der anderen enthalten. Beispiel $2 \mid 6$
b) nein
c) Es ergeben sich die natürlichen Zahlen 1, 2, 3 …

1.7 a) nein b) Nein, denn die Zahlen haben mindestens 1 als ggT.
c) ggT (8, 24) = 8; hier ist der ggT eine der beiden vorgegebenen Zahlen

1.8 a) nein
b) kgV (4, 8) = 8 $\rightarrow$ kgV (8, 12) = 24
kgV (8, 12) = 24 $\rightarrow$ kgV (24, 4) = 24
kgV (4, 8, 12) = 24
Die Reihenfolge verändert **nicht** das Ergebnis.
c) Das kgV ist **gleich** der größeren beider Zahlen, wenn die kleinere Zahl Teiler der größeren ist, sonst ist es größer:
kgV (9, 18) = 18, weil $9 \mid 18$

2 Teilbarkeitsregeln und Primfaktorzerlegung

2.1 a) Letzte Ziffer 0 → teilbar durch 10
b) Die letzten drei Stellen durch 8 teilbar → gesamte Zahl durch 8 teilbar.
c) ja

2.2 a) ja: 47082 → 21 → 3 also $3 \mid 3$ und $3 \mid 47082$
b) ja: 47082 → 21 → 3 also $9 \nmid 3$ und $9 \nmid 47082$

c) ja: 41021 : 9 = 4557 Rest (8)

Quersumme: 4 + 1 + 0 + 2 + 1 = (8)

2.3 a) Weil 1 keine Primzahl ist.
b) ja; c) ja; z. B. $16 = 2 \cdot 2 \cdot 2 \cdot 2$

2.4 a) ggT (24, 175) = 1
Es gibt **keine** gemeinsamen Primfaktoren.
b) nur die 1
c) kgV (24, 175) = 4200; $24 \cdot 175 = 4200$
Beide Werte sind gleich.

3 Brüche

3.1 a)  b) 

3.2 a) $\frac{2}{3}$ von 45 Minuten = 30 Minuten

45 Minuten – 30 Minuten = **15 Minuten**

b) nein, denn 45 Minuten $\xrightarrow{\cdot 2}$ 90 Minuten $\xrightarrow{:3}$ 30 Minuten

45 Minuten $\xrightarrow{:3}$ 15 Minuten $\xrightarrow{\cdot 2}$ 30 Minuten

3.3 a) ja

b) $\frac{\overset{21}{\cancel{42}}}{\underset{119}{\cancel{238}}} = \frac{\overset{3}{\cancel{21}}}{\underset{17}{\cancel{119}}} = \frac{3}{17}$ | erst durch 2, dann durch 7 gekürzt

$\frac{\overset{3}{\cancel{42}}}{\underset{17}{\cancel{238}}} = \frac{3}{17}$ | gleich durch 14 gekürzt

3.4 a) $\frac{1}{4} > \frac{1}{5}$, weil Viertelstücke größer als Fünftelstücke sind.

b) $\frac{3}{4} < \frac{4}{5}$ Bei $\frac{3}{4}$ fehlt $\frac{1}{4}$ am Ganzen. Es fehlt also mehr am Ganzen als bei $\frac{4}{5}$. Deshalb ist $\frac{3}{4} < \frac{4}{5}$.

4 Rechnen mit Brüchen

4.1 a) 1; 2; 3; 4 b) 1; 2; 3; 4

c) Jede natürliche Zahl ist auch eine Bruchzahl (siehe a) und b)). Eine Teilmenge der Bruchzahlen sind also verkappte natürliche Zahlen.

4.2 a) $40 \cdot 30 = 1200$; kgV (40, 30) = 120; ggT (40, 30) = 10
also gilt: $1200 : 10 = 120$

b) $25 \cdot 16 = 400$; kgV (25, 16) = 400; ggT (25, 16) = 1
also gilt: $400 : 1 = 400$

4.3 a) ja; $\frac{3}{5} \cdot 4 = \frac{3 \cdot 4}{5} = \boxed{\frac{12}{5}}$ $4 \cdot \frac{3}{5} = \frac{4 \cdot 3}{5} = \boxed{\frac{12}{5}}$

b) ja; $\frac{7}{8} \cdot \frac{5}{6} = \frac{7 \cdot 5}{8 \cdot 6} = \boxed{\frac{35}{48}}$ $\frac{5}{6} \cdot \frac{7}{8} = \frac{5 \cdot 7}{6 \cdot 8} = \boxed{\frac{35}{48}}$

4.4 a) ja; $\frac{3}{4} \cdot \frac{4}{3} = \frac{12}{12} = 1$

b) ja; $2\frac{1}{2} = \frac{5}{2}$; Kehrwert $\frac{2}{5}$

5 Dezimalbrüche

5.1

a)	I	II	III	IV	V	VI	VII	VIII	IX	X
b)	X	XX	XXX	XL	L	LX	LXX	LXXX	XC	C
c)	C	CC	CCC	CD	D	DC	DCC	DCCC	CM	M

5.2 a) 1 % = 10 ‰, weil $\frac{1}{100} = \frac{10}{1000}$

b) 25 % = $\frac{25}{100}$ = 0,25; 80 ‰ = $\frac{8}{1000}$ = 0,008

c) 0,007 = $\frac{7}{1000}$ = 70 ‰; 0,12 = $\frac{12}{100}$ = 12 %

5.3 a) Timo: $2{,}344\textcircled{6} \approx 2{,}345$ aufgerundet
$2{,}34\textcircled{5} \approx 2{,}35$ aufgerundet
Steffi: $2{,}34\textcircled{4}6 \approx 2{,}34$ abgerundet
Timo hat nicht korrekt gerundet.

b) Timo: $7{,}344\textcircled{2} \approx 7{,}344$
$7{,}34\textcircled{4}$ 7,34
Steffi: $7{,}344\textcircled{2} \approx 7{,}34$
Falsches Runden von Timo wirkt sich hier **nicht** aus.

6 Rechnen mit Dezimalbrüchen

6.1 a) XXV · X = CCL
b) CCCLXX : X = XXXVII

6.2 a)
$$\begin{array}{r} \boxed{7},025 \\ +\ 1,\boxed{3}\boxed{9}\boxed{8} \\ +\ 0,270 \\ \hline 8,693 \end{array}$$
b)
$$\begin{array}{r} \boxed{6},204 \\ -\ 3,\boxed{1}4\boxed{9} \\ \hline 3,0\boxed{5}5 \end{array}$$

6.3 a) Malnehmen: 4 Stellen nach rechts
Teilen: 2 Stellen nach links; insgesamt 2 Stellen nach rechts

b) Teilen: 3 Stellen nach links
Malnehmen: 1 Stelle nach rechts; insgesamt 2 Stellen nach links

6.4 a) $4{,}7 \cdot 0{,}132 = 0{,}6204$ lautet das richtige Ergebnis
b) $0{,}123 \cdot 3{,}2 = 0{,}3936$ heißt das richtige Ergebnis

6.5 a) $69{,}496 : 0{,}56 = 124{,}1$ muss es heißen
b) $0{,}8815 : 0{,}041 = 21{,}5$ Ergebnis war richtig

7 Bruch – Dezimalbruch

7.1 a) 0; 1; 2; 3

b) $\frac{1}{4} = 0{,}25$ Reste: 1; 2; 0 $\quad \frac{2}{4} = 0{,}5$ Reste: 2; 0

$\frac{3}{4} = 0{,}75$ Reste: 3; 2; 0

7.2 a) $\frac{3}{8} = 0{,}375$ ist das richtige Ergebnis

b) $0{,}75 = \frac{3}{4}$; $0{,}750 = \frac{3}{4}$; $0{,}7500 = \frac{3}{4}$

Dagegen: $0{,}5 = \frac{1}{2}$; $0{,}05 = \frac{1}{20}$; $0{,}005 = \frac{1}{200}$

7.3 a) Der Rest 0, weil dann die Rechnung abbräche.
b) Bei der Division könnten auftreten 0; 1; 2 … 10

Bei $\frac{3}{11}$ treten nur auf: 3; 8

c) Bei Division durch könnten die Reste von 0 bis 6 auftreten.

Es treten bei $\frac{2}{7}$ auf: 2; 6; 4; 5; 1 und 3.

Alle Reste bis auf die 0 kommen also tatsächlich vor.

Mathe Algebra
7. Schuljahr

Inhaltsverzeichnis Mathe Algebra 7. Schuljahr

1.1 Grundbegriffe für Zuordnungen

Merke

Bei Zuordnungen wird jeder Zahl aus einer vorher festgelegten Menge – sie heißt **Definitionsmenge D** – eine bestimmte Zahl zugeordnet.

Die Menge der zugeordneten Zahlen heißt **Wertemenge W.**

Die Zuordnungen sind Grundlage des wichtigen Funktionsbegriffs. Funktionen werden dir im Mathematikunterricht von nun an ständig begegnen.

Merke

Für die Zuordnung

$10 \mapsto 10 - 5 = 5$; $11 \mapsto 11 - 5 = 6$; $12 \mapsto 12 - 5 = 7$ ...

schreibt man allgemein die Zuordnungsvorschrift

$x \mapsto x - 5$ gelesen: jedem x wird x – 5 zugeordnet, wobei der Buchstabe x die Leerstelle für eine beliebige Zahl x aus der Definitionsmenge D kennzeichnet.

Einen Überblick über die Zuordnung $x \mapsto x - 5$ verschafft die **Zuordnungstabelle:**

e	10	11	12	...
x – 5	5	6	7	...

7

Denk nach!

So kannst du dir eine Geheimschrift herstellen:

a) Ordne jedem Buchstaben den nächsten Buchstaben im Alphabet zu, also a ↦ b; b ↦ c; usw. und schließlich z ↦ a
Trage alle Buchstaben und zugeordnete (verschlüsselte) Buchstaben in eine Zuordnungstabelle ein.

b) Verschlüssele die Nachricht: Mathe macht Spaß!

c) Du erhältst die Antwort: Ojfefs nju nbuif

Jeder Zahl von 7 bis 10 soll eine um 3 verkleinerte Zahl zugeordnet werden.

Bestimme die Definitionsmenge D und die Wertemenge W.

Rezept

1. Stelle die Zuordnungsvorschrift auf.

$x \mapsto x - 3$

2. Zeichne eine Zuordnungstabelle.

x	
x − 3	

3. Trage in die Tabelle die Zahlen der Grundmenge von 7 bis 10 ein.

x	7	8	9	10
x − 3				

4. Berechne die zugeordneten Zahlen und trage sie ein.

x	7	8	9	10
x − 3	7 − 3 = 4	5	6	7

5. Notiere die Definitionsmenge D und die Wertemenge W.

D = {7, 8, 9, 10}
W = {4, 5, 6, 7}

7

1.2 So kannst du Zuordnungen darstellen

Pfeildiagramm

Merke

Zuordnungen lassen sich mithilfe von **Pfeilbildern** darstellen.

Dabei verbinden die Pfeile jeweils einander zugeordnete Werte. Jeder Pfeil kennzeichnet also ein **Wertepaar** der Zuordnung.

Beispiel:

Gewicht in kg ↦ Preis in €

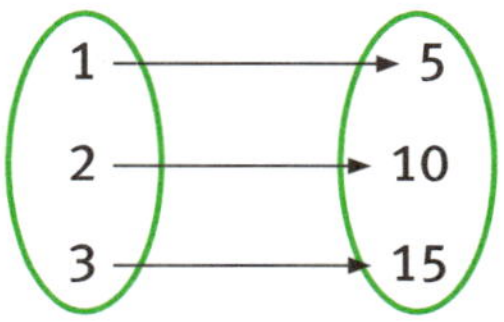

Wertepaare

1 kg; 5 €

2 kg; 10 €

3 kg; 15 €

Jede im Pfeilbild dargestellte Zuordnung lässt sich natürlich in eine Zuordnungstabelle übertragen und umgekehrt.

Koordinatensystem

Merke

Mithilfe eines **Koordinatensystems** (Achsenkreuz) lassen sich Zuordnungen sehr übersichtlich beschreiben.

Jedem Wertepaar der Zuordnung entspricht dabei ein Punkt im **Quadratgitter.**

Die Partner des Wertepaares heißen hier **Koordinaten.**

Beispiel:
Gewicht in kg ↦ Preis in €

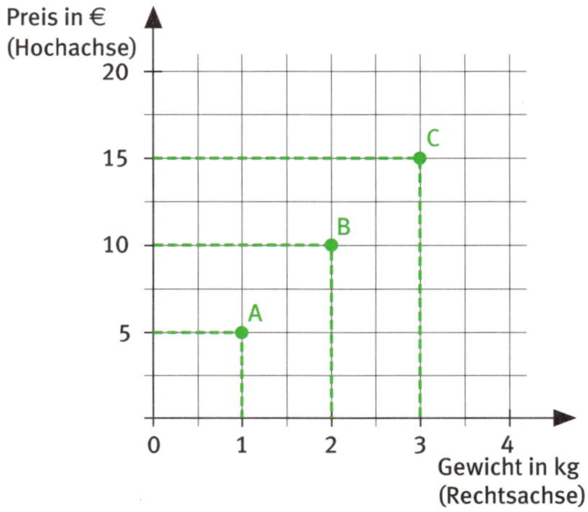

Zum Gitterpunkt A gehört das **Wertepaar**

1 kg; 5 €

Man schreibt dafür

A (1 | 5)

und nennt 1 und 5 die **Koordinaten** von A.

Achtung: Der erste Wert ist **immer** der Wert auf der Rechtsachse, der zweite der Wert der Hochachse.

Pfeilbilder, Darstellungen im Koordinatensystem und Zuordnungstabellen lassen sich wechselseitig ineinander umwandeln.

Denk nach!

Kannst du diese Aussagen bestätigen?

a) Alle Gitterpunkte, deren zweite Koordinate 0 ist, liegen auf der Rechtsachse.

b) Alle Gitterpunkte, deren erste Koordinate 0 ist, liegen auf der Hochachse.

c) Wo liegt dieser Gitterpunkt (0 | 0)?

Rezept

Eine Flasche Apfelsaft kostet 1,50 €.

Zeichne ein Pfeilbild und eine Zuordnungstabelle für 1 bis 4 Flaschen.

1. Wie heißt die Zuordnungsschrift?

Anzahl der Flaschen $\mapsto$ Preis in €

2. Zeichne für die Definitionsmenge ein Oval (1 bis 4 Flaschen).

1
2
3
4

3. Berechne zu jeder Flaschenzahl den Preis.

1	$1 \cdot 1{,}50 = 1{,}50$ €	1,50
2	$2 \cdot 1{,}50 = 3{,}00$ €	3,00
3	$3 \cdot 1{,}50 = 4{,}50$ €	4,50
4	$4 \cdot 1{,}50 = 6{,}00$ €	6,00

4. Zeichne die Zuordnungspfeile ein.

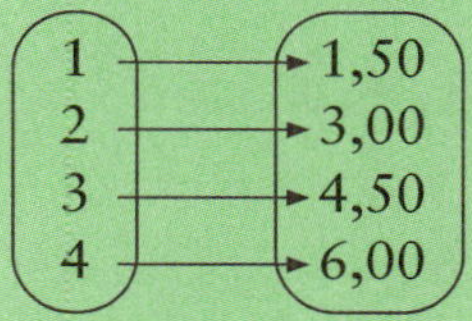

5. Lege eine Zuordnungstabelle an.

Anzahl der Flaschen	
Preis in €	

6. Fülle die Zuordnungstabelle aus. Entnimm die Größen dem Pfeilbild.

Anzahl der Flaschen	1	2	3	4
Preis in €	1,50	3,00	4,50	6,00

7. Ergebnis:

Pfeilbild

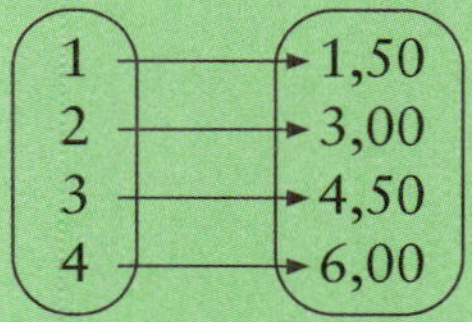

Zuordnungstabelle

Anzahl der Flaschen	1	2	3	4
Preis in €	1,50	3,00	4,50	6,00

7

7

Aus einem Wasserbehälter laufen in jeder Minute (min) 15 *l* Wasser aus.

Stelle diese Zuordnung im Koordinatensystem dar.

Rezept

1. Wie heißt hier die Zuordnungsvorschrift?

Anzahl der min ↦ Anzahl der *l*

2. Lege eine Zuordnungstabelle an.

Anzahl der min	
Anzahl der *l*	

3. Rechne die einander zugeordneten Größen aus.

1 min ↦ 1 · 15 *l* = 15 *l*
2 min ↦ 2 · 15 *l* = 30 *l*
3 min ↦ 3 · 15 *l* = 45 *l*
4 min ↦ 4 · 15 *l* = 60 *l*

4. Trage die Werte in die Zuordnungstabelle ein.

Anzahl der min	1	2	3	4
Anzahl der *l*	15	30	45	60

5. Welche Wertepaare ergeben sich also?

1 min; 15 *l* 2 min; 30 *l*
3 min; 45 *l* 4 min; 60 *l*

6. Ordne jedem Wertepaar einen Gitterpunkt zu.

A(1 | 15) B(2 | 30)
C(3 | 45) D(4 | 60)

7. Zeichne ein Koordinatensystem und trage die Gitterpunkte ein.

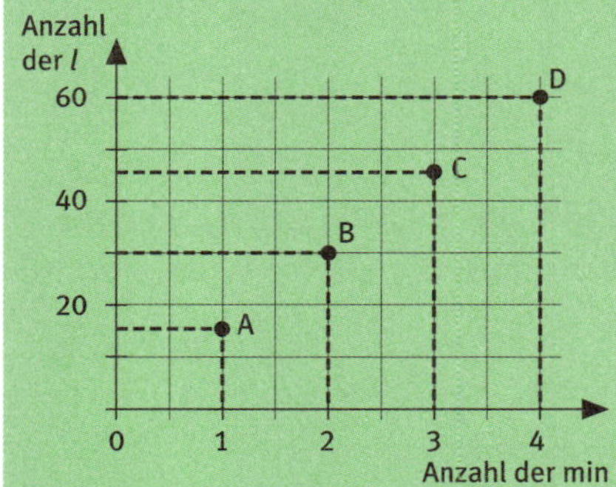

8. Ergebnis:

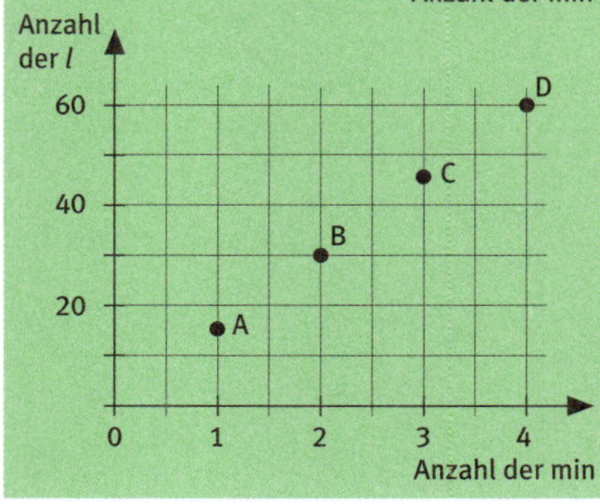

Im Koordinatensystem ist die Zuordnung Anzahl der kg $\mapsto$ Preis in € dargestellt.

Übertrage die Werte in eine Zuordnungstabelle!

Rezept

1. Gegebene Darstellung im Koordinatensystem:

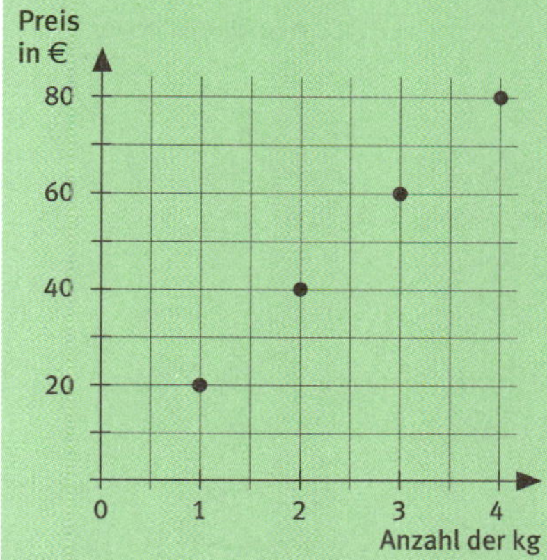

2. Lies die Rechts- und Hochwerte der Gitterpunkte ab. Notiere stets zuerst den Rechtswert und dann den Hochwert.

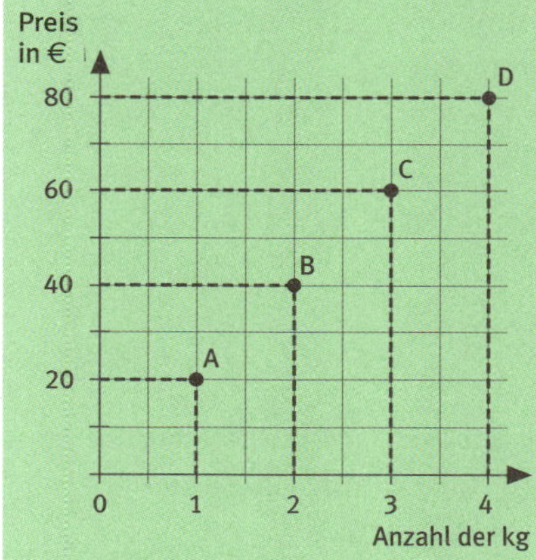

A(1 | 20) B(2 | 40)
C(3 | 60) D(4 | 80)

3. Zeichne eine Zuordnungstabelle und trage die entsprechenden Werte ein.

Anzahl der kg	1	2	3	4
Preis in €				

4. Ergebnis:

Anzahl der kg	1	2	3	4
Preis in €	20	40	60	80

7

Rezept

Zeichne die Zuordnung $x \mapsto 2 \cdot x^2$ ins Koordinatensystem. Nimm für x die Werte 0, 1, 2, 3.

Liegen die eingezeichneten Punkte auf einer Geraden?

1. Lege eine Zuordnungstabelle an.

x	0	1	2	3
$2 \cdot x^2$				

2. Ermittle die Partner für die jeweiligen x-Werte.

$0 \mapsto 2 \cdot 0^2 = 2 \cdot 0 = 0$

$1 \mapsto 2 \cdot 1^2 = 2 \cdot 1 = 2$

$2 \mapsto 2 \cdot 2^2 = 2 \cdot 4 = 8$

$3 \mapsto 2 \cdot 3^2 = 2 \cdot 9 = 18$

3. Trage die Werte in die Zuordnungstabelle ein.

x	0	1	2	3
$2 \cdot x^2$	0	2	8	18

4. Ordne den Wertepaaren Punkte zu und übertrage sie in das Koordinatensystem.

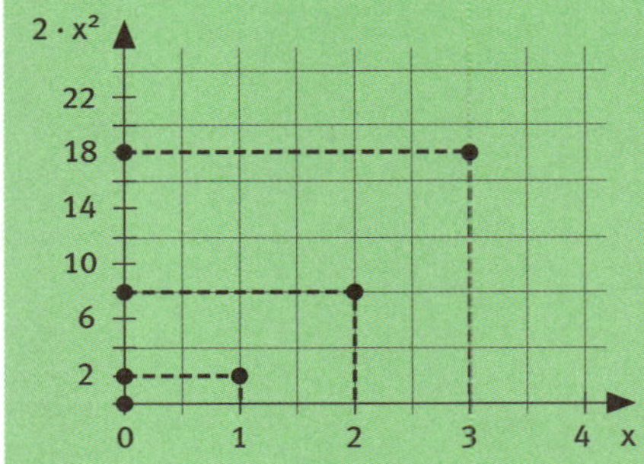

5. Liegen alle vier Punkte auf einer Geraden? Kontrolliere mit deinem Lineal.

nein

7

2.1 Beispiele für Zuordnungen

Merke

Wenn du Zuordnungen untersuchst, gehst du am besten so vor:

1. Zuordnungsvorschrift aufstellen.
2. Zuordnungstabelle anlegen.
3. Wertepaaren Rechts- und Hochwerte (Koordinaten) zuordnen.
4. Punkte ins Koordinatensystem eintragen.
5. Durch Verbinden der Punkte Graph (Bild) der Zuordnung zeichnen.

An Beispielen für Zuordnungen kannst du üben, wie man solche Zuordnungen am besten untersucht.

Denk nach!

Sind diese Größen einander zugeordnet?

a) Gewicht einer Ware – Preis der Ware

b) Sonnenstand – Uhrzeit

c) Alter deiner Eltern – Alter des Hausmeisters

d) Gewicht des Lehrers – Anzahl der Schüler

e) Sonnenscheindauer – Temperatur

Rezept

Ein Wanderer schafft in einer Stunde (h) 4 km.

Welche Strecken legt er in 0, 1, 2, 3 Stunden zurück? Zeichne ein Bild (Graph) dieser Zuordnung.

1. Welche Zuordnung liegt hier vor?

Zeit in h $\mapsto$ Weg in km

2. Gib die Zuordnungsvorschrift an.

$x \mapsto 4 \cdot x$

3. Lege die Zuordnungstabelle an.

Zeit (h)	0	1	2	3
Weg (km)				

4. Berechne die jeweils zugeordneten Werte.

$0 \mapsto 4 \cdot 0 = 0$
$1 \mapsto 4 \cdot 1 = 4$
$2 \mapsto 4 \cdot 2 = 8$
$3 \mapsto 4 \cdot 3 = 12$

5. Trage die Werte in die Zuordnungstabelle ein.

Zeit (h)	0	1	2	3
Weg (km)	0	4	8	12

6. Gib zu jedem Wertepaar Rechts- und Hochwert an.

0 h; 0 km $\mapsto$ A(0|0)
1 h; 4 km $\mapsto$ B(1|4)
2 h; 8 km $\mapsto$ C(2|8)
3 h; 12 km $\mapsto$ D(3|12)

7. Trage die Punkte ins Koordinatensystem ein und verbinde sie.

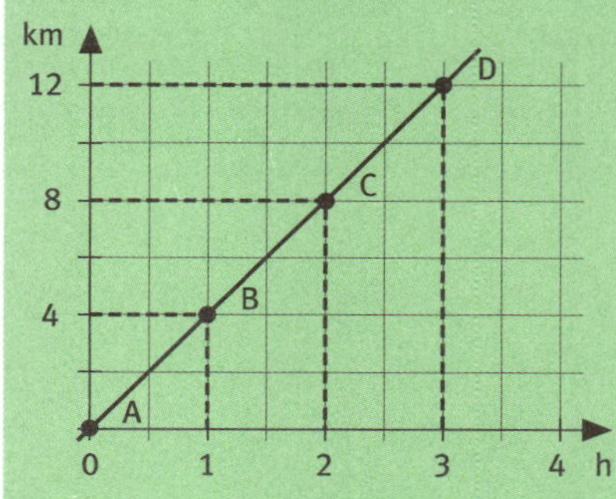

8. Ergebnis:
Graph (Bild) der Zuordnung

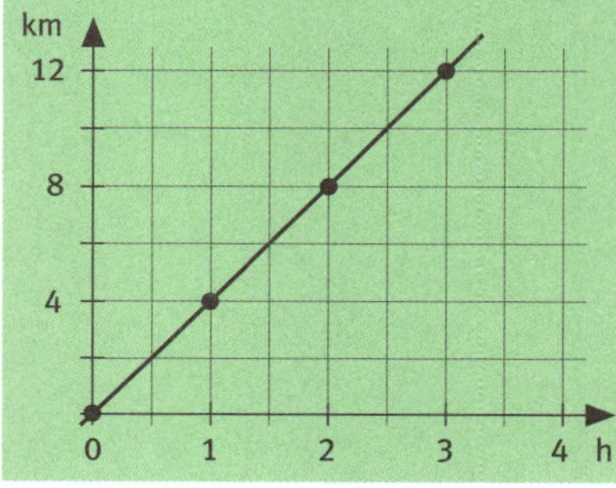

2.2 Proportionale und antiproportionale Zuordnungen

Merke

Eine Zuordnung, bei der die 1-, 2-, 3-, ... fache Größe des einen Wertes auch die 1-, 2-, 3-, ... fache Größe des anderen Wertes zugeordnet ist, heißt **proportionale Zuordnung**.

Kurzfassung für diesen Zusammenhang der Größen:

je **mehr** $\mapsto$ desto **mehr**

je **weniger** $\mapsto$ desto **weniger**

Eine Zuordnung, bei der die 1-, 2-, 3-, ... fache Größe des einen Wertes dagegen die $\frac{1}{1}$-, $\frac{1}{2}$-, $\frac{1}{3}$- ... fache Größe des anderen Wertes zugeordnet ist, heißt **antiproportionale Zuordnung**.

Die Kurzfassung lautet jetzt:

je **mehr** $\mapsto$ desto **weniger**

je **weniger** $\mapsto$ desto **mehr**

Um Zuordnungen daraufhin zu untersuchen, ob sie proportional oder antiproportional sind, gehst du am besten so vor:

1. Zuordnung aufstellen.
2. Einige leicht zu berechnende Wertepaare ermitteln.
3. Ist dann z. B. dem 3fachen des einen Wertes auch der 3fache des anderen zugeordnet, so liegt **Proportionalität** vor. Ist dem 3fachen dagegen der $\frac{1}{3}$fache Wert des anderen zugeordnet, so ist die Zuordnung **antiproportional**.

7

Denk nach!

Liegt hier Proportionalität, Antiproportionalität oder gar keine vor?

a) Ein Auto fährt als Höchstgeschwindigkeit 180 km in der Stunde. Wie groß ist die Höchstgeschwindigkeit von 5 Wagen?

b) Ein Auto wiegt 850 kg. Wie schwer sind 5 Wagen dieses Typs?

c) Eine Firma will neue Firmenwagen anschaffen und hat dafür einen festen Geldbetrag zur Verfügung. Sie erhält 6 Autos zum Stückpreis von 20 000 €. Wie viele Autos erhält die Firma, wenn sie die Modelle zu 40 000 € pro Stück wählt?

Ein Paket wiegt 3 kg.

Wie viel kg wiegen dann 1, 2, 3 Pakete? Ist diese Zuordnung proportional oder antiproportional?

Rezept

1. Welche Zuordnung liegt der Aufgabe zugrunde?	Anzahl der Pakete $\mapsto$ Gewicht der Pakete
2. Gib die Zuordnungsvorschrift an.	$x \mapsto 3 \cdot x$
3. Berechne einander zugeordnete Werte.	(1) Paket: 1 Paket (·1) $\mapsto$ 3 kg (·1) = 3 kg (2) Pakete: 1 Paket (·2) $\mapsto$ 3 kg (·2) = 6 kg (3) Pakete: 1 Paket (·3) $\mapsto$ 3 kg (·3) = 9 kg
4. Entspricht z. B. dem 3fachen der einen Größe (Anzahl der Pakete) das 3fache der anderen (Gewicht)?	ja
5. Ergebnis:	Diese Zuordnung ist proportional.

7

Rezept

60 kg Ware soll verpackt werden.

Wie viele Pakete erhält man jeweils, wenn Pakete mit 1 kg, 2 kg, 3 kg Inhalt verwendet werden? Liegt hier Proportionalität oder Antiproportionalität vor?

1. Welche Zuordnung liegt der Aufgabe zugrunde?

   Gewicht eines Paketes $\mapsto$ Anzahl der Pakete

2. Wie heißt die Zuordnungsvorschrift?

   $x \mapsto \frac{60}{x}$

3. Berechne einander zugeordnete Paare.

   (1) kg pro Paket:
   $1\text{ kg} \cdot (1) \mapsto \frac{60\text{ kg}}{1\text{ kg} \cdot (1)} = 60$

   (2) kg pro Paket:
   $1\text{ kg} \cdot (2) \mapsto \frac{60\text{ kg}}{1\text{ kg} \cdot (2)} = 30$

   (3) kg pro Paket:
   $1\text{ kg} \cdot (3) \mapsto \frac{60\text{ kg}}{1\text{ kg} \cdot (3)} = 20$

4. Entspricht z. B. dem 3fachen der einen Größe (Gewicht eines Pakets) das $\frac{1}{3}$fache der anderen (Anzahl der Pakete)?

   ja

5. Ergebnis:

   Diese Zuordnung ist antiproportional.

7

2.3 Quotientengleichheit – Produktgleichheit

Merke

Für die **proportionale** Zuordnung schreibt man allgemein

$$x \mapsto m \cdot x$$

m und x sollen dabei rationale Zahlen aus $\mathbb{Q}$ sein,
d. h. $m, x \in \mathbb{Q}$

Sie besitzt nur Wertepaare x und $m \cdot x$, die alle **quotientengleich** sind.

$$\frac{m \cdot x}{x} = m$$

m heißt Proportionalitätsfaktor.

Die **antiproportionale** Zuordnung kennzeichnet man durch

$$x \mapsto \frac{k}{x}$$

m und k sollen dabei wieder rationale Zahlen aus $\mathbb{Q}$ sein, die aber **nicht** 0 sein dürfen.

Man schreibt $k, x \in \mathbb{Q} \setminus \{0\}$

Ihre Wertepaare x und $\frac{k}{x}$ sind alle **produktgleich.**

$$x \cdot \frac{k}{x} = k$$

Quotientengleichheit und Produktgleichheit sind wichtige Eigenschaften um diese Zuordnungen zu unterscheiden:
Sind alle Wertepaare einer Zuordnung quotientengleich, so ist die Zuordnung proportional.
Sind dagegen alle Wertepaare produktgleich, so liegt eine antiproportionale Zuordnung vor.

Denk nach!

a) Untersuche diese Zuordnung $x \mapsto y$, ob ihre Wertepaare quotientengleich oder produktgleich sind.

①

x	1	2	3	4
y	6	12	18	24

②

x	1	2	3	4
y	30	15	10	7,5

b) Welche der Zuordnungen ist also proportional und welche antiproportional?

Rezept

Untersuche, ob die Zuordnung $x \mapsto 3 \cdot x$ quotientengleiche Wertepaare besitzt.

1. Lege für die Zuordnung $x \mapsto 3 \cdot x$ eine Zuordnungstabelle an. Nimm für x die Werte 1, 2, 3 und 4.

x	1	2	3	4
$3 \cdot x$				

2. Berechne für jedes x den zugeordneten Wert.

x	1	2	3	4
$3 \cdot x$	$3 \cdot 1 = 3$	$3 \cdot 2 = 6$	9	12

3. Bilde jeweils die **Quotienten** $\frac{3 \cdot x}{x}$ und trage sie in die Tabelle ein.

x	1	2	3	4
$3 \cdot x$	3	6	9	12
$\frac{3 \cdot x}{x}$	$\frac{3}{1} = 3$	$\frac{6}{2} = 3$	$\frac{9}{3} = 3$	$\frac{12}{4} = 3$

4. Ergebnis:

Die Wertepaare sind quotientengleich. Der Proportionalitätsfaktor m beträgt hier 3.
Die Zuordnung ist proportional.

Untersuche, ob die Zuordnung $x \mapsto \frac{24}{x}$ produktgleiche Wertepaare besitzt.

1. Lege für die Zuordnung $x \mapsto \frac{24}{x}$ eine Zuordnungstabelle an. Nimm für x die Werte 1, 2, 3 und 4.

x	1	2	3	4
$\frac{24}{x}$				

2. Berechne für jedes x den zugeordneten Wert.

x	1	2	3	4
$\frac{24}{x}$	$\frac{24}{1} = 24$	$\frac{24}{2} = 12$	8	6

3. Bilde die **Produkte** $x \cdot \frac{24}{x}$ und trage sie in die Tabelle ein.

x	1	2	3	4
$\frac{24}{x}$	24	12	8	6
$x \cdot \frac{24}{x}$	$1 \cdot 24 = 24$	$2 \cdot 12 = 24$	24	24

4. Ergebnis:

Die Wertepaare sind produktgleich. Das gemeinsame Produkt beträgt hier k = 24.
Die Zuordnung ist also antiproportional.

7

2.4 Wie sehen die Graphen dieser Zuordnungen aus?

Merke

Der Graph (das Bild) einer **proportionalen** Zuordnung ist eine **Halbgerade**, die im Ursprung (Nullpunkt des Koordinatensystems) beginnt.

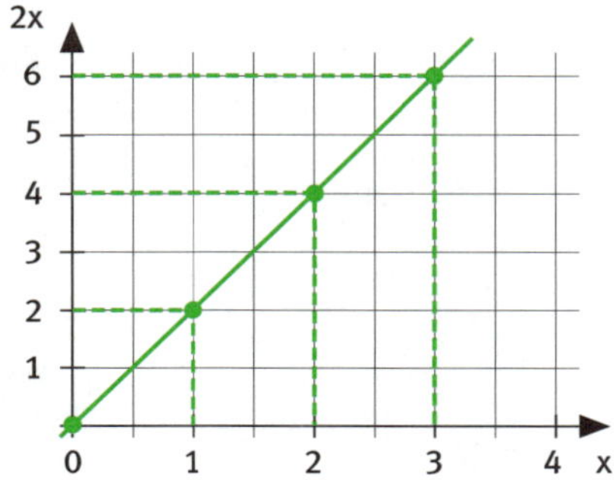

Der Graph einer **antiproportionalen** Zuordnung heißt **Hyperbel.**

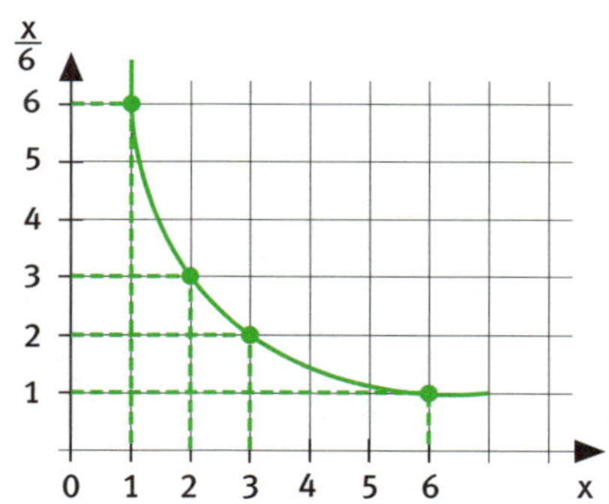

Zeichnest du Graphen dieser Zuordnungen, solltest du so vorgehen:

1. Lege eine Zuordnungstabelle an.
   Wähle solche Wertepaare aus, die sich einfach berechnen lassen.
   Achte darauf, ob sie auch Platz in der Zeichnung finden.
   Achtung: Bei antiproportionalen Zuordnungen darf für x nicht 0 gewählt werden!
2. Trage die Punkte ins Gitternetz ein.
3. Verbinde die Punkte.

Denk nach!

a)

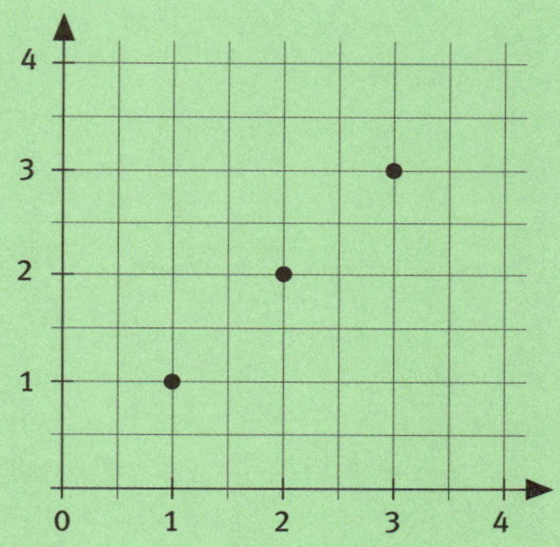

Lies aus der Abbildung für jeden eingezeichneten Punkt den Rechts- und den Hochwert ab. Dividiere Hochwert durch Rechtswert. Welchen Wert erhältst du jeweils?

b)

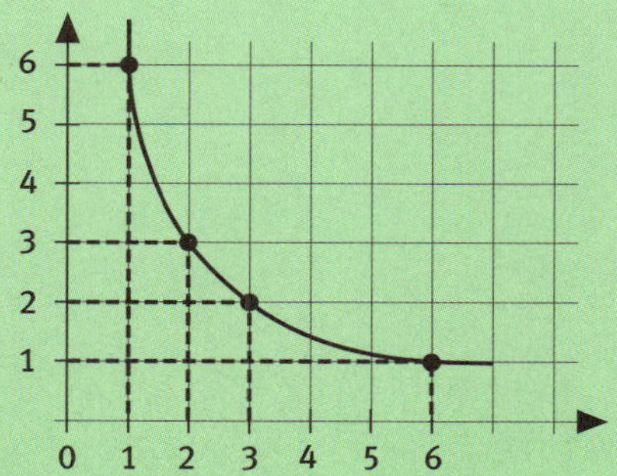

Berechne die Flächeninhalte der Rechtecke, die zu den Punkten gehören. Welchen Wert erhältst du jeweils?

Rezept

7

Zeichne den Graph für die Zuordnung $x \mapsto 4 \cdot x$.

1. Lege eine Zuordnungstabelle an. Wähle für x die Werte 0, 1, 2, 3.

x	0	1	2	3
$4 \cdot x$				

2. Berechne die zugeordneten Werte.

x	0	1	2	3
$4 \cdot x$	$4 \cdot 0 = 0$	$4 \cdot 1 = 4$	8	12

3. Ordne den Wertepaaren Punkte zu.

0; 0 $\mapsto$ A(0|0)
1; 4 $\mapsto$ B(1|4)
2; 8 $\mapsto$ C(2|8)
3; 12 $\mapsto$ D(3|12)

4. Übertrage die Punkte ins Gitternetz des Koordinatensystems. **Beachte:** Erster Wert ist stets Rechtswert.

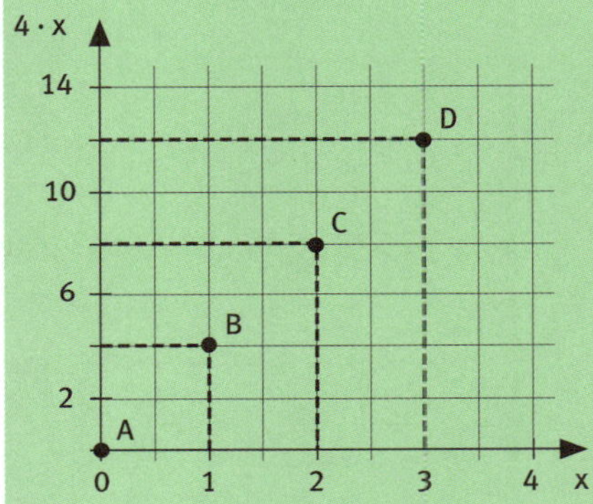

5. Verbinde die Punkte.

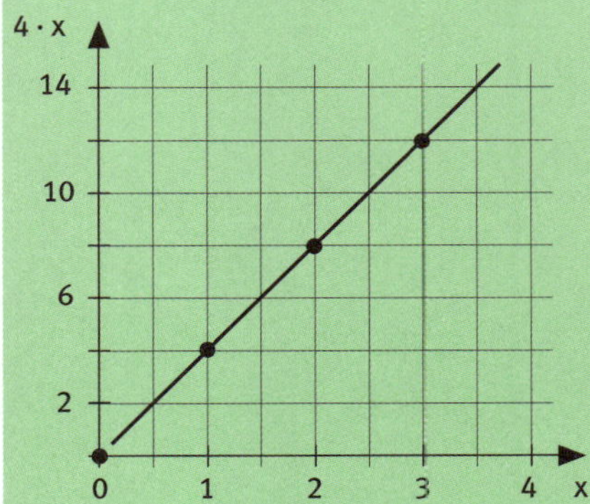

6. Ergebnis:

Der Graph der Zuordnung $x \mapsto 4 \cdot x$ ist eine Halbgerade.

Zeichne den Graph für die Zuordnung $x \mapsto \frac{8}{x}$.

Rezept

1. Lege eine Zuordnungstabelle an. Wähle für x die Werte 1, 2, 4, 8. **Achtung:** x kann nicht 0 sein!

x	1	2	3	4
$\frac{8}{x}$				

2. Berechne die zugeordneten Werte.

x	1	2	4	8
$\frac{8}{x}$	$\frac{8}{1} = 8$	$\frac{8}{2} = 4$	2	1

3. Ordne den Wertepaaren Punkte zu.

$1; 8 \mapsto A(1 \mid 8)$
$2; 4 \mapsto B(2 \mid 4)$
$4; 2 \mapsto C(4 \mid 2)$
$8; 1 \mapsto D(8 \mid 1)$

4. Übertrage die Punkte ins Gitternetz des Koordinatensystems. **Beachte:** Erster Wert ist stets Rechtswert.

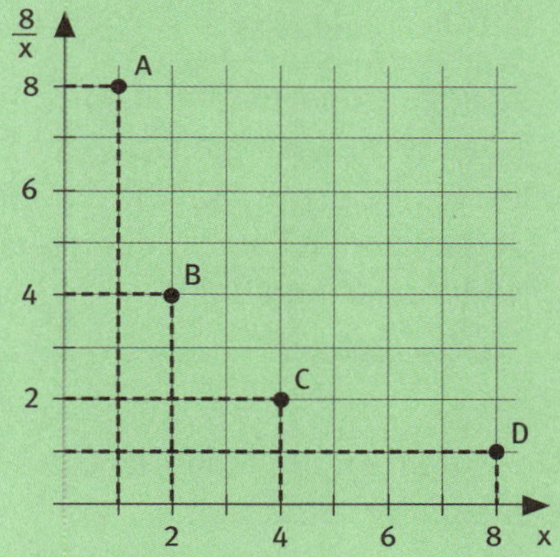

5. Liegen die eingezeichneten Punkte auf einer Geraden?

nein

6. Verbinde die Punkte.

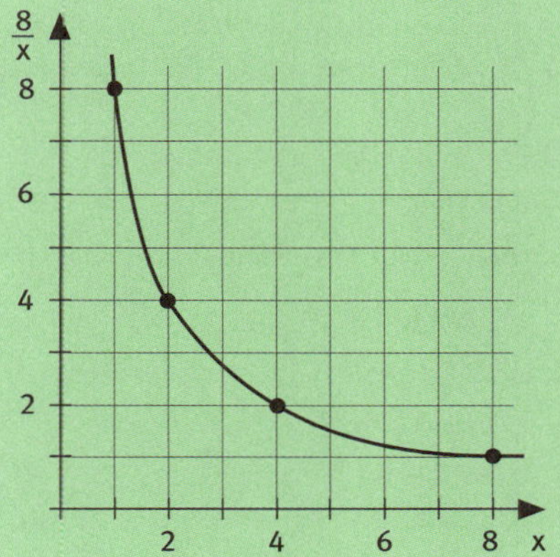

7. Ergebnis:

Der Graph der Zuordnung $x \rightarrow \frac{8}{x}$ ist eine Hyperbel.

7

3.1 Aufgaben zur proportionalen Zuordnung

Merke

Bei den Aufgaben der Schlussrechnung handelt es sich um proportionale bzw. antiproportionale Zuordnungen. Daher musst du dir jeweils überlegen, welche Zuordnung einer gegebenen Aufgabe zugrunde liegt.

Gehe deshalb so vor:
1. Notiere die Zuordnung, die in der Aufgabe vorkommt.
2. Gilt von den Größen:

   je **mehr** $\mapsto$ desto **mehr**

   je **weniger** $\mapsto$ desto **weniger**,

   so liegt Proportionalität vor.
3. Trage das gegebene Wertepaar in eine Zuordnungstabelle ein.
4. Bestimme die Größe, die der **Einheit** (1 kg, 1 m, 1 h ...) zugeordnet ist.
5. Berechne den Partner der neuen **Vielheit.**
6. Notiere das Ergebnis.

In den Aufgaben der Schlussrechnung spielen also die Begriffe Einheit und Vielheit eine große Rolle.
Man schließt von einer **Vielheit** über die **Einheit** auf die **neue Vielheit**. Daher heißt diese Rechnung auch **Schlussrechnung**.

Denk nach!

Hat der Händler hier richtig gerechnet?

a) 3 kg Spargel kosten 27 €. Vater kauft 4 kg und soll dafür 38 € bezahlen.
   Welcher Preis wäre korrekt?

b) 10 kg Kartoffeln sollen 5,80 € kosten. Der Händler wiegt aus und fragt den Kunden: Dürfen es auch 11 kg sein? Als der Kunde nickt, nennt er 7 € als Preis.
   Korrigiere ihn.

5 kg Äpfel kosten 12,50 €.

Wie teuer sind 3 kg?

Rezept

1. Welche Zuordnung liegt der Aufgabe zugrunde?

Gewicht (kg) $\mapsto$ Preis (€)

2. Ist diese Zuordnung proportional oder antiproportional?

Es gilt hier:
Je **mehr** Äpfel ich kaufe,
desto **größer** ist der Preis.
also: proportional

3. Trage das gegebene Wertepaar in eine Zuordnungstabelle ein.

kg	5	
€	12,50	

4. Berechne die Größe, die der **Einheit** 1 kg zugeordnet ist.

:5

kg	5	1
€	12,50	2,50

:5

5. Berechne den Partner der neuen **Vielheit** 3 kg.

·3

kg	5	1	3
€	12,50	2,50	7,50

·3

6. Notiere das Ergebnis.

3 kg Äpfel kosten 7,50 €.

3.2 Aufgaben zur antiproportionalen Zuordnung

Merke

Gehe bei diesen Aufgaben wieder so vor:

1. Notiere die Zuordnung, die der Aufgabe zugrunde liegt.
2. Gilt jetzt:

   je **mehr** ↦ desto **weniger**

   je **weniger** ↦ desto **mehr**,

   so liegt Antiproportionalität vor.
3. Trage das gegebene Wertepaar in eine Zuordnungstabelle ein.
4. Berechne die Größe, die der **Einheit** zugeordnet ist.
   Die Einheit kann jetzt 1 € pro kg, 1 € pro *l*, 1 *l* pro Flasche, 1 km pro h usw. lauten.
5. Berechne den Partner der neuen **Vielheit**.
6. Notiere das Ergebnis.

Wie du siehst, sind die Lösungsschritte die gleichen wie im Abschnitt 3.1. Die richtige Lösung der Aufgabe hängt davon ab, ob du erkennst, welche Art der Zuordnung vorliegt.

Denk nach!

Was hältst du von diesen Lösungen? Korrigiere sie, wenn nötig.

a) Wenn Timo mit dem Fahrrad 10 km in der Stunde fährt, schafft er die Strecke bis zu seinem Freund in 3 Stunden.
Mit 15 km in der Stunde benötigt er 4 Stunden.

b) Fährt Timo 15 km in der Stunde, dann schafft er in 3 Stunden 45 km.
In 4 Stunden sogar 60 km.

Herr Huber kauft 5 kg Äpfel, die 2,70 € pro kg kosten.

Wie viele kg kann er für den gleichen Betrag bekommen, wenn er 3 € für jedes kg ausgibt?

Rezept

1. Welche Zuordnung liegt der Aufgabe zugrunde?

Preis pro kg ↦ Anzahl der kg

2. Ist diese Zuordnung proportional oder antiproportional?

Es gilt hier:
Je **größer** der Preis pro kg, desto **kleiner** die Anzahl der kg für den gleichen Gesamtpreis.
Also: antiproportional

3. Trage das gegebene Wertepaar in eine Zuordnungstabelle ein.

Preis pro kg in €	2,70
Anzahl der kg	5

4. Berechne die Größe, die der **Einheit 1 € pro kg** zugeordnet ist.

:2,70

Preis pro kg in €	2,70	1
Anzahl der kg	5	13,50

·2,70

5. Berechne den Partner der neuen **Vielheit 3 € pro kg.**

·3

Preis pro kg in €	2,70	1	3
Anzahl der kg	5	13,50	4,50

:3

6. Ergebnis:

Für 3 € pro kg kann er 4,500 kg Äpfel kaufen.

7

3.3 Vermischte Aufgaben

Merke

Löst du Aufgaben der Schlussrechnung, so kannst du wie bisher mit einer Zuordnungstabelle arbeiten.

Du kannst aber auch so vorgehen:

I. Aus einem Fass Olivenöl lassen sich 40 Flaschen zu je 1,5 *l* abfüllen.
Wie viele Flaschen zu je 2 *l* Inhalt erhält man?
Zuordnung: *l* pro Flasche ↦ Anzahl der Flaschen
Proportional oder antiproportional?
Je **mehr** Inhalt pro Flasche, desto **weniger** Flaschen können gefüllt werden. Also: antiproportional.

Rechnung:

Vielheit	1,5 *l* pro Flasche	↦	40 Flaschen
↓	↓ (: 1,5)		↓ (· 1,5)
Einheit	1 *l* pro Flasche	↦	$40 \cdot 1{,}5 = 60$ Flaschen
↓	↓ (· 2)		↓ (: 2)
neue Vielheit	2 *l* pro Flasche	↦	$\frac{60}{2} = 30$ Flaschen

Ergebnis: 30 Flaschen können gefüllt werden.

II. 30 Flaschen enthalten 21 *l* Öl.
Wie viel *l* Öl befinden sich in 40 Flaschen?

Zuordnung: Anzahl der Flaschen ↦ Inhalt in *l*.
Proportional oder antiproportional?
Je **mehr** Flaschen, desto **mehr** Öl. Also: proportional.

Rechnung:

Vielheit	30 Flaschen	↦	21 *l*
↓	↓ (: 30)		↓ (: 30)
Einheit	1 Flasche	↦	$\frac{21\,l}{30} = 0{,}7\,l$
↓	↓ (· 40)		↓ (· 40)
neue Vielheit	40 Flaschen	↦	$0{,}7\,l \cdot 40 = 28\,l$

Ergebnis: 40 Flaschen enthalten 28 *l* Öl.

Ordnet man die Lösung in dieser Weise an, spricht man von Dreisatzrechnung, weil das Lösungsschema aus drei Sätzen besteht:

Vielheit	→	Einheit	→	neue Vielheit
30 Flaschen		1 Flasche		40 Flaschen

Denk nach!

Darfst du bei diesen Aufgaben den Rechenschritt über die Einheit überspringen? Kontrolliere die Ergebnisse, indem du rechnest wie bisher.

a) 3 m Stoff kosten 48 €. Wie teuer sind 6 m?

3 m		48 €	
	(·2)		(·2)
6 m		**96 €**	

Also 96 €.

b) Aus einem Behälter laufen in 12 min 240 *l* Wasser aus.
Wie viel *l* Wasser sind es in 4 min?

12 min		240 *l*	
	(:3)		(:3)
4 min		**80 *l***	

Also 80 *l*.

c) Füllt man aus einem Fass Maschinenöl in Kanister zu je 20 *l*, so erhält man 6 Kanister. Wie viele Kanister mit dem Fassungsvermögen von je 10 *l* würde man erhalten?

20 *l*		6 Kanister	
	(:2)		(·2)
10 *l*		**12 Kanister**	

Also 12 Kanister.

Rezept

Aus einem Behälter laufen in 5 min 180 *l* Wasser aus.

Wie viel sind es in 8 min?

1. Wie heißt die Zuordnung?	Anzahl der min ↦ Anzahl der *l*
2. Ist diese Zuordnung proportional oder antiproportional?	Je **mehr** min, desto **mehr** *l* Wasser fließen aus. Also proportional.
3. **Gegebene Vielheit** aufschreiben	5 min ↦ 180 *l* ↓ (:5) ↓ (:5)
4. Schluss auf die **Einheit**	1 min ↦ 180 *l* : 5 = 36 *l* ↓ (·8) ↓ (·8)
5. Schluss auf die **neue Vielheit**	8 min ↦ 36 *l* · 8 = 288 *l*
6. Ergebnis:	In 8 min fließen 288 *l* Wasser aus.

Laufen aus einem Behälter 30 *l* pro min Wasser aus, so ist er nach 12 min leer.

Wie lange dauert es, wenn 40 *l* pro min auslaufen?

1. Wie heißt die Zuordnung?	*l* pro min ↦ Anzahl der min
2. Ist diese Zuordnung proportional oder antiproportional?	Je **mehr** *l* pro min auslaufen, desto **kleiner** ist das Maß für die Zeit. Also antiproportional.
3. **Gegebene Vielheit** aufschreiben	30 *l* pro min ↦ 12 min ↓ (:30) ↓ (·30)
4. Schluss auf die **Einheit**	1 *l* pro min ↦ 12 min · 30 = 360 min ↓ (·40) ↓ (:40)
5. Schluss auf die **neue Vielheit**	40 *l* pro min ↦ 360 min : 40 = 9 min
6. Ergebnis:	Der Behälter läuft in 9 min leer.

7

4.1 Prozentbegriff

Merke

Da sich Hundertstel oder die entsprechenden Dezimalbrüche gut als Vergleichsbrüche eignen, gibt es für sie ein besonderes Zeichen: das **Prozentzeichen %.**

Man schreibt:

$$\frac{1}{100} = 0{,}01 = 1\,\%$$

Häufig musst du die Prozentsätze erst ausrechnen, weil Bruchanteile gegeben sind. Du gehst dann am besten so vor:
1. Bruchanteil ausdividieren.
2. Den erhaltenen Dezimalbruch in Hundertstel bzw. in Prozent umschreiben.

Beispiele:
Die Division geht auf:

$\frac{7}{8} = 7:8 = 0{,}875 = \frac{87{,}5}{100} = 87{,}5\,\%$

Die Division geht nicht auf:

$\frac{3}{11} = 3 : 11 = 0{,}2727 \rightarrow$ dividiere auf 4 Stellen nach dem Komma

$0{,}2727 \approx 0{,}273 \rightarrow$ gerundet auf 3 Stellen nach dem Komma

$\frac{3}{11} \approx 0{,}273 \rightarrow \frac{3}{11} \approx 27{,}3\,\%$

Denk nach!

Neben Hundertsteln als Vergleichsbrüche werden auch Tausendstel benutzt.

$\frac{1}{1000} = 1\,‰$ gelesen: „ein Promille“

a) Ein Autofahrer wird mit einem Blutalkoholgehalt von 2 ‰ gestoppt. Rechne den Wert in Prozent um.

b) Wie viel Promille ergeben 2 %?

7

Rezept

Rechne den Bruchanteil $\frac{9}{40}$ in Prozent um.

1. Welche Divisionsaufgabe musst du bilden?	9 : 40 =
2. Dividiere.	9 : 40 = 0,225
3. Geht die Division nach 3 Stellen nach dem Komma auf?	ja
4. Schreibe den Dezimalbruch als Hundertstel und als Prozentsatz.	$0{,}225 = \frac{22{,}5}{100} = 22{,}5\ \%$
5. Ergebnis:	$\frac{9}{40} = 22{,}5\ \%$

Rechne den Bruchanteil $\frac{5}{6}$ in Prozent um.

1. Welche Divisionsaufgabe musst du bilden?	5 : 6 =
2. Dividiere.	5 : 6 = 0,8333 …
3. Geht die Division nach 3 Stellen nach dem Komma auf?	nein
4. Berechne 4 Stellen nach dem Komma und runde auf 3 Stellen auf oder ab.	$0{,}8333 \approx 0{,}833$
5. Schreibe den Dezimalbruch als Hundertstel und als Prozentsatz.	$0{,}833 = \frac{83{,}3}{100} = 83{,}3\ \%$
6. Ergebnis:	$\frac{5}{6} \approx 83{,}3\ \%$

7

4.2 So berechnest du den Prozentsatz p %

Merke

In der Prozentrechnung musst du folgende Werte kennen:

das Ganze	→	Grundwert G
den Teilwert	→	Prozentwert P
den Anteil	→	Prozentsatz p %

Den **Prozentsatz** ermittelst du so:

$\frac{P}{G} = P : G = p\,\%$

Ist in einer Aufgabe der Prozentsatz p % zu berechnen, gehst du am besten so vor:

1. Suche den **Grundwert G** heraus.
   Er ist der Wert, auf den sich alles bezieht, das Ganze also.
2. Bestimme den Teilwert. Er heißt **Prozentwert P** und gibt an, wie viel vom Grundwert erreicht bzw. genommen wurde.
3. Bilde den Bruchteil $\frac{P}{G}$.
4. Rechne $\frac{P}{G}$ in eine Prozentangabe um:
   $\frac{P}{G} = P : G = p\,\%$
5. Notiere das Ergebnis.

7

Denk nach!

Kannst du dies erklären?

Sonja und Timo bewerben sich um das Amt des Schulsprechers. Bei der ersten Wahl hatte Sonja 80 und Timo sogar 100 Stimmen. Beide verbessern sich bei der zweiten Wahl um 20 Stimmen. Haben sie sich auch um den gleichen Prozentsatz verbessert?

Bei einer Verkehrskontrolle wurden 2500 Fahrzeuge überprüft. 120 von ihnen waren nicht verkehrssicher.

Wie viel Prozent sind das?

Rezept

1. Welches ist der Grundwert G?	G = 2500 Fahrzeuge
2. Wie groß ist der Prozentwert P?	P = 120 Fahrzeuge
3. Welche Größe wird gesucht?	Prozentsatz p %
4. Wie wird p % berechnet?	$p\,\% = \frac{P}{G}$
5. Bilde $\frac{P}{G}$.	$\frac{P}{G} = \frac{120}{2500}$
6. Verwandle $\frac{P}{G}$ in einen Dezimalbruch.	$120 : 2500 = 0{,}048$
7. Berechne den Prozentsatz p %.	$p\,\% = 0{,}048 = \frac{4{,}8}{100} = 4{,}8\,\%$
8. Ergebnis:	Der Prozentsatz der nicht verkehrssicheren Fahrzeuge beträgt 4,8 %.

7

4.3 So berechnest du den Prozentwert P

Merke

Sind G und p % gegeben, so kannst du mit ihrer Hilfe P berechnen:

$$P = p\,\% \cdot G$$

Löse die folgenden Aufgaben unter Beachtung dieser Lösungsschritte:

1. Suche heraus, welche Größen gegeben sind und welche gesucht werden.
2. Berechne aus der Beziehung
   $$P = p\,\% \cdot G$$
   den Prozentwert P.
   In der Rechnung kannst du für p % entweder Hundertstel ($5\,\% = \frac{5}{100}$) oder einen Dezimalbruch ($5\,\% = 0{,}05$) setzen.
3. Notiere das Ergebnis.

Denk nach!

Wo steckt hier der Fehler?

Frau Faber kauft einen Mantel, der 20 % im Preis gesenkt wurde. Sie freut sich über diesen Kauf, denn sie hat dabei 40 € gespart, weil sie statt 200 € nur 160 € bezahlt hat. Sie berichtet ihrem Mann von diesem günstigen Preis. Als der alles nachrechnet, kommt er zu folgendem Ergebnis:
160 € für den Mantel bezahlt.
20 % Preisnachlass, das sind 20 % von 160 € = 32 €.
Seine Frau hat also nicht 40 €, sondern nur 32 € gespart.
Der weitere Abend in der Familie verlief nicht ganz friedlich.

Die Firma Huber konnte ihren Gewinn von 85 000 € im Vorjahr in diesem Jahr um 15,5 % erhöhen.

Wie viel € beträgt der zusätzliche Gewinn?

Rezept

1. Welche Größe ist der Grundwert G?	G = 85 000 €
2. Wie groß ist der Prozentsatz?	p % = 15,5 %
3. Welche Größe wird gesucht?	Prozentwert P
4. Wie berechnet sich P?	$P = p\,\% \cdot G$
5. Schreibe p % als Hundertstel oder Dezimalbruch.	$15{,}5\,\% = \frac{15{,}5}{100} = 0{,}155$
6. Berechne nun $P = p\,\% \cdot G$.	15,5 % von 85 000 € → $P = \frac{15{,}5}{100} \cdot 85\,000 = 13\,175$
7. Ergebnis:	Der zusätzliche Gewinn beträgt 13 175 €.

4.4 So berechnest du den Grundwert G

Merke

Sind P und p % gegeben, so kannst du mit ihrer Hilfe G berechnen:

$$G = \frac{P}{p\,\%} = P : p\,\%$$

Beim Lösen dieser Aufgaben gehst du am besten so vor:

1. Suche heraus, welche Größen gegeben sind und welche gesucht werden.
2. Aus der Beziehung

   $$p\,\% \cdot G = P$$

   musst du G so berechnen:

   $$G = \frac{P}{p\,\%} \quad \text{oder} \quad G = P : p\,\%$$

   Auch hier kannst du entscheiden, ob du für p % Hundertstel oder einen Dezimalbruch einsetzt.
3. Notiere das Ergebnis.

Denk nach!

Guidos Eltern haben diesen Monat sein Taschengeld um 10 % auf 55 € erhöht, weil er eine gute Mathematikarbeit geschrieben hat.
Sein jüngerer Bruder Olaf hatte Pech: Mathearbeit schlecht, Taschengeld um 10 % gekürzt.
Er erhielt nur noch 36 €.
Kannst du ausrechnen, wie hoch das Taschengeld der Brüder vor der Mathearbeit war?

Herr Huber hat beim Verkauf seines Autos 2500 € Verlust erlitten. Das sind 12,5 %.

Wie teuer war das Auto ursprünglich?

Rezept

1. Welche Größe sind die 2500 €? — Prozentwert P
2. Wie groß ist Prozentwert p %? — p % = 12,5 %
3. Welche Größe wird gesucht? — Grundwert G
4. Wie berechnet sich der Grundwert G? — G = P : p %
5. Schreibe p % als Hundertstel oder oder Dezimalbruch. — $12{,}5\,\% = \frac{12{,}5}{100} = 0{,}125$
6. Berechne nun G.

12 % von G sind 2500 €

$\rightarrow 12\,\% \cdot G = 2500$ €

$G = 2500\text{ €} : 12{,}5\,\%$

$G = 2500\text{ €} : \frac{12{,}5}{100}$

$G = \frac{2500 \cdot 100}{12{,}5}$

$G = 20\,000$

7. Ergebnis: — Das Auto kostete ursprünglich 20 000 €.

5.1 Berechnung der Jahreszinsen Z

Merke

Zinsrechnung ist Anwendung der Prozentrechnung im Bankwesen.

Folgende Werte entsprechen sich:

Grundwert G $\rightarrow$ Kapital K
Prozentsatz p % $\rightarrow$ Zinssatz p %
Prozentwert P $\rightarrow$ Jahreszinsen Z

Aus der Grundformel der Prozentrechnung ergibt sich die Grundformel der **Zinsrechnung**:

$$G \cdot p\,\% = P \rightarrow K \cdot p\,\% = Z$$

Beherrschst du die Grundaufgaben der Prozentrechnung, dürften dir die entsprechenden Aufgaben der Zinsrechnung keine Probleme bereiten.

Merke

Ein Kapital K, das mit p % verzinst wird, bringt im Jahr

$$Z = K \cdot p\,\%$$

Zinsen.

Beim Ausrechnen wandelst du den Zinssatz p % in Hundertstel oder in einen Dezimalbruch um.

$$5\,\% = \frac{5}{100} = 0{,}05$$

Beachte bei den folgenden Aufgaben diese Lösungsschritte:
1. Notiere, welche Größen jeweils gegeben sind und welche Größe gesucht wird.
2 Überlege, welche Grundaufgaben die gesuchte Größe liefert, und rechne.
3. Notiere das Ergebnis.

Denk nach!

Herr Krösus erhält für 1 000 000 € seines Kapitals, das mit 10 % verzinst wird, nach Ablauf eines Jahres 100 000 € Zinsen. Da er diese nicht abhebt, werden sie im nächsten Jahr mit verzinst.
Wie viel Zinsen bekommt er dann insgesamt? Den Zuwachs der Zinsen nennt man Zinseszins.

Berechne die Jahreszinsen für ein Guthaben von 8000 €, das mit 4 % verzinst wird.

Rezept

1. Wie groß ist das Kapital K?	K = 8000 €
2. Wie groß ist der Zinssatz p %?	p % = 4 %
3. Welche Größe ist gesucht?	Jahreszinsen Z
4. Wie berechnen sich die Jahreszinsen?	Z = p % · K
5. Schreibe p % als Hundertstel oder als Dezimalbruch.	$4\,\% = \frac{4}{100} = 0{,}04$
6. Berechne nun Z.	4 % von 8000 € → $\frac{4}{100} \cdot 8000 = 320$
7. Ergebnis:	Die Jahreszinsen betragen 320 €.

7

5.2 Berechnung des Zinssatzes p %

Merke

Ein Kapital K, das im Jahr Z € Zinsen bringt, wurde mit

$$p\,\% = \frac{Z}{K}$$

verzinst.

Du rechnest Z : K und schreibst das Ergebnis in Prozent um:

$$0{,}08 = \frac{8}{100} = 8\,\%$$

Beachte beim Rechnen der Aufgaben diese Lösungesschritte:
1. Notiere, welche Größen jeweils gegeben sind und welche Größe gesucht ist.
2. Überlege, welche Grundaufgabe die gesuchte Größe liefert, und rechne.
3. Notiere das Ergebnis.

Denk nach!

Stell dir vor, du besitzt ein bestimmtes Kapital K und du möchtest dieses Kapital in einem Jahr verdoppeln. Welchen Zinssatz müsste dir die Bank gewähren?

Überprüfe deine Überlegungen an dem Beispiel K = 20 000 €.

Herr Rieger zahlt für sein Darlehen von 24 000 € jährlich 2640 € Zinsen.

Welchen Zinssatz nimmt die Bank?

Rezept

1. Wie groß ist das Kapital K?	K = 24 000 €
2. Wie groß sind die Jahreszinsen?	Z = 2640 €
3. Welche Größe wird gesucht?	Zinssatz p %
4. Wie berechnet man den Zinssatz?	$p\,\% = \frac{Z}{K}$
5. Bilde $\frac{Z}{K}$.	$\frac{Z}{K} = \frac{2640}{24\,000}$
6. Dividiere.	2640 : 24 000 = 0,11
7. Wie groß ist also p %?	$0{,}11 = \frac{11}{100} = 11\,\%$
8. Ergebnis:	Der Zinssatz beträgt 11 %.

7

5.3 Berechnung des Kapitals K

Merke

Das Kapital, das im Jahr bei p % die Zinsen Z bringt, wird so ermittelt:

$$K = \frac{Z}{p\,\%} = Z : p\,\%$$

Beachte wieder diese Lösungsschritte:
1. Notiere, welche Größen gegeben sind und welche Größe gesucht ist.
2. Überlege, welche Grundaufgabe die gesuchte Größe liefert, und rechne.
3. Notiere das Ergebnis.

Denk nach!

Dein Kapital K wird mit p % verzinst. Auf einmal halbiert die Bank den Zinssatz. Was kannst du selbst tun, damit du die Höhe der Zinsen beibehalten kannst?

Überprüfe deine Überlegungen an diesem Beispiel:
K = 5000 €; p % = 6 %

7

Rezept

Wie groß ist das Kapital, das bei 6,5 % Verzinsung in einem Jahr 4550 € Zinsen bringt?

1. Wie groß sind die Jahreszinsen Z? — Z = 4550 €
2. Wie groß ist der Zinssatz p %? — p % = 6,5 %
3. Welche Größe wird gesucht? — Kapital K
4. Wie berechnet man das Kapital? — $K = \frac{Z}{p\,\%}$
5. Bilde $\frac{Z}{p\,\%}$. — $\frac{Z}{p\,\%} = \frac{4550}{6{,}5\,\%} = 4550 : 6{,}5\,\%$
6. Schreibe p % als Hundertstel und als Dezimalbruch. — $p\,\% = 6{,}5\,\% = \frac{6{,}5}{100} = 0{,}065$
7. Dividiere. — 4550 : 0,065 = 70 000
8. Ergebnis: — Das Kapital beträgt 70 000 €.

5.4 So berücksichtigst du den Zeitfaktor t

Merke

Im Bankwesen müssen die Zinsen häufig für kürzere Zeitspannen als für ein Jahr berechnet werden. Man führt deshalb einen **Zeitfaktor t** als Bruchteil eines Jahres ein:

Für 1 Tag → $t = \frac{1}{360}$

Für n Tage → $t = \frac{n}{360}$

Für 1 Monat → $t = \frac{1}{12}$

Für n Monate → $t = \frac{n}{12}$

Dabei hat man festgelegt, dass jeder Monat mit 30 Tagen und das ganze Jahr mit 360 Tagen gezählt werden. Das erleichtert die Berechnungen.

Die Berücksichtigung des Zeitfaktors ist hauptsächlich bedeutsam bei der Berechnung der Zinsen.
Da der Zinssatz p % sich, wenn nicht anders gegeben, **stets** auf **ein Jahr** bezieht, muss die Zinsformel umgeformt werden.

7

Merke

Zinsen für 1 Jahr → $K \cdot p\,\% \cdot 1$

Zinsen für 1 Tag → $K \cdot p\,\% \cdot \frac{1}{360}$

Zinsen für n Tage → $K \cdot p\,\% \cdot \frac{n}{360}$

Zeitfaktor $t = \frac{n}{360}$

also Zinsen Z_t mit dem **Zeitfaktor t**: $Z_t = K \cdot p\,\% \cdot t$

Beachte beim Lösen der Aufgaben diese Lösungsschritte:
1. Bestimme den Zeitfaktor t.
2. Setze t in die Formel für Z_t ein.
3. Gib das Ergebnis an.

Denk nach!

a) Ein Kapital von 30 000 € wird $\frac{1}{4}$ Jahr mit 8 % verzinst.
Wie hoch sind die Zinsen?

Darfst du dieselbe Aufgabe auch so formulieren?

b) Ein Kapital von 30 000 € wird mit 2 % verzinst.
Wie hoch sind die Jahreszinsen?

c) Ein Kapital von 7500 € wird mit 8 % verzinst? Wie hoch sind die Jahreszinsen?

Ergeben sich jeweils die gleichen Zinsen?

Rezept

Welche Zinsen müssen für ein Darlehen von 36 000 € gezahlt werden, das 120 Tage zu 6 % verzinst wird?

1. Wie groß ist das Kapital K?	K = 36 000 €
2. Wie hoch ist der Zissatz p %?	p % = 6 %
3. Wie groß ist die Zeitspanne?	120 Tage
4. Wie wird der Zeitfaktor t berechnet?	$t = \frac{n}{360}$
5. Ermittle für diese Zeitspanne den Zeitfaktor.	n = 120 Tage $t = \frac{120}{360} = \frac{1}{3}$
6. Welche Größe wird gesucht?	Zinsen Z_t
7. Wie wird Z_t berechnet?	$Z_t = K \cdot p\,\% \cdot t$
8. Wie groß ist also Z_t?	$Z_t = 36\,000 \cdot 6\,\% \cdot \frac{1}{3}$ $Z_t = 720$
9. Ergebnis:	Die Zinsen betragen 720 €.

7

6.1 So legst du Streifendiagramme an

Merke

Prozentwerte werden häufig durch Streifen- und Kreisdiagramme veranschaulicht.

Bei Streifendiagrammen ist die Gesamtlänge

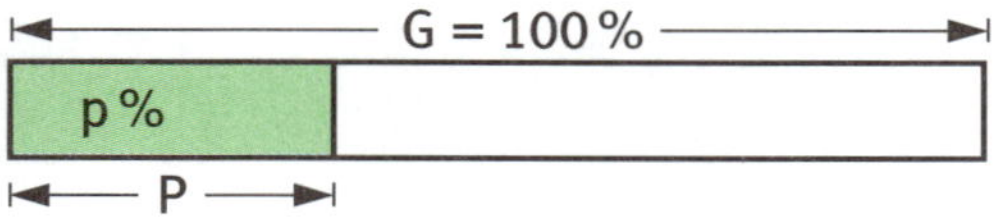

des Streifens der Grundwert G = 100 %. Die Länge der einzelnen Streifenabschnitte entsprechen den jeweiligen Prozentwerten P und damit Prozentsätzen p %.

Arbeitest du mit Streifendiagrammen, so kommt es nicht auf millimetergenaues Zeichnen an. Mithilfe der Streifen soll lediglich sichtbar gemacht werden, wie sich die Prozentsätze verteilen.
Beachte diese Lösungsschritte:
1. Zu den Prozentsätzen p % die Länge der Streifenabschnitte ermitteln (P).
2. Streifen gewünschter Länge zeichnen.
3. Streifenabschnitte in den Streifen einzeichnen und beschriften.

Denk nach!

Welche Prozentsätze gehören zu diesen Längen der Streifenabschnitte, wenn die Länge des ganzen Streifens 12 cm beträgt:

6 cm; 4 cm; 3 cm und 2 cm?

Rechne zur Kontrolle nach.

Bei der Wahl des Schulsprechers wurden 800 gültige Stimmen abgegeben. Die Stimme verteilten sich so:

Kandidat	A	B	C
Stimmen	300	360	140

Berechne die Prozentsätze und zeichne ein Streifendiagramm von 12 cm Länge.

Rezept

1. Welches ist jeweils der Grundwert G?

$G = 800$

2. Prozentsatz für A.

$G = 800; \quad P = 300$

$p\,\% = \frac{P}{G} = \frac{300}{800} = 0{,}375$

$p\,\% = 37{,}5\,\%$

3. Prozentsatz für B.

$G = 800; \quad P = 360$

$p\,\% = \frac{P}{G} = \frac{360}{800} = 0{,}45$

$p\,\% = 45\,\%$

4. Prozentsatz für C (Für ihn bleibt der Rest von 100 % übrig).

$100\,\% - 37{,}5\,\% - 45\,\% = 17{,}5\,\%$

$p\,\% = 17{,}5\,\%$

5. Welches ist der Grundwert G für die folgenden Aufgaben?

$G = 12\text{ cm}$

6. **Länge** des Teilstreifens für A.

$G = 12\text{ cm}; \quad p\,\% = 37{,}5\,\%$

$P = G \cdot p\,\% = 12\text{ cm} \cdot 0{,}375$

$P = 4{,}4\text{ cm}$

7. **Länge** des Teilstreifens für B.

$G = 12\text{ cm}; \quad p\,\% = 45\,\%$

$P = G \cdot p\,\% = 12\text{ cm} \cdot 0{,}45$

$P = 5{,}4\text{ cm}$

8. Die **Länge** des Teilstreifens für C umfasst den Rest von 12 cm.

$12\text{ cm} - 4{,}4\text{ cm} - 5{,}4\text{ cm} = 2{,}2\text{ cm}$

$P = 2{,}2\text{ cm}$

9. Ergebnis:

12 cm

A (37,5 %)	B (45 %)	C (17,5 %)
4,4 cm	5,4 cm	2,2 cm

7

6.2 So zeichnest du Kreisdiagramme

Merke

Im Kreisdiagramm stellt der gesamte Kreis mit dem Mittelpunktswinkel 360° den Grundwert G = 100 % dar.

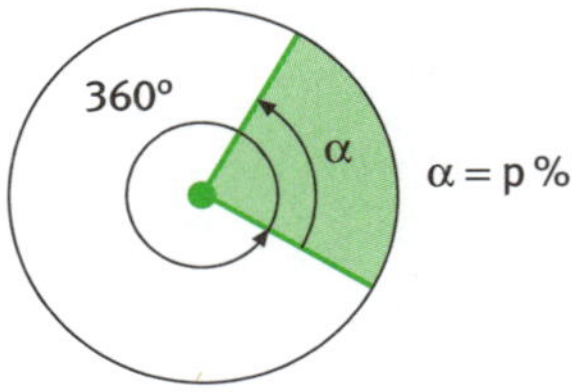

Der Mittelpunktswinkel α hingegen kennzeichnet P bzw. p %.

Da im Kreisdiagramm lediglich die Größe der Mittelpunktswinkel wichtig ist, darfst du den Radius für den Kreis beliebig wählen.
Diese Lösungsschritte bieten sich an:
1. Berechne zu den Prozentsätzen p % die Mittelpunktswinkel α.
2. Zeichne einen Kreis mit beliebigem Radius und kennzeichne seinen Mittelpunkt.
3. Trage die Winkel α im Mittelpunkt des Kreises an und beschrifte sie.

7

Denk nach!

a) Welche Mittelpunktswinkel gehören jeweils zum halben Kreis, Viertelkreis, Drittelkreis?

b) Welche Prozentsätze werden diesen Kreisteilen zugeordnet?

Bauer Faber will im neuen Jahr auf 20 % seiner Ackerfläche Weizen, auf 45 % Roggen und auf der Restfläche Rüben anbauen.

Zeichne für ihn ein Kreisdiagramm.

Rezept

1. Welches ist der Grundwert G für alle Teilaufgaben?

$G = 360°$

2. Berechne den Mittelpunktswinkel α für den Weizenanbau.

$G = 360°; \quad p\,\% = 20\,\%$

$P = G \cdot p\,\%$

$P = 360° \cdot \frac{20}{100} = 72\,\%$

also $\boxed{\alpha = 72\,\%}$

3. Berechne den Mittelpunktswinkel α für den Roggenanbau.

$G = 360°; \quad p\,\% = 45\,\%$

$P = G \cdot p\,\%$

$P = 360° \cdot \frac{45}{100} = 162\,\%$

also $\boxed{\alpha = 162\,\%}$

4. Welcher Winkel bleibt für den Rübenanbau?

$360° - 72° - 162° = 126°$

also $\boxed{\alpha = 126\,\%}$

5. Ergebnis:

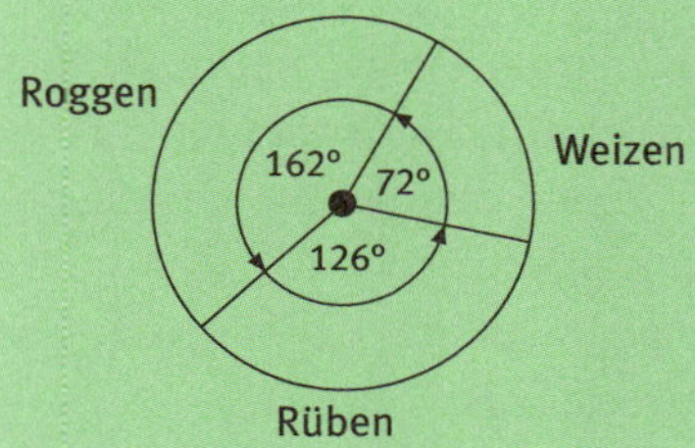

7

6.3 Vermehrter – verminderter Grundwert

Merke

Anwendungsaufgaben aus der Prozentrechnung beim Einkaufen und in der Geschäftswelt führen häufig zu **vermehrten** bzw. zu **verminderten** Grundwerten.

Beim vermehrten Grundwert handelt es sich um ein Geschäft mit **Gewinn,** beim verminderten Grundwert um eines mit **Verlust**.

Einkaufswert (100 %) + Gewinn = Verkaufspreis
Einkaufswert (100 %) – Verlust = Verkaufspreis

Der **vermehrte Grundwert** ist also **größer als 100 %,**
der **verminderte** dagegen **kleiner als 100 %.**

Beachte diese Lösungsschritte:
1. Welche Werte besitzen die Größen G, P und p %?
2. Liegt ein vermehrter oder verminderter Grundwert vor?
   Wie viel % gehören also zum Verkaufspreis?
3. Berechnen des Grundwertes.

7

Denk nach!

Ein Kaufmann muss seine Ware mit einem Verlust von 10 % anbieten. Da das noch nicht ausreicht, verringert er den Preis um weitere 10 %.
Ergäbe sich der gleiche Verkaufspreis, wenn er gleich mit 20 % Verlust gerechnet hätte?
Überprüfe deine Vermutung, indem du einen Einkaufspreis von 100 € zugrunde legst.

Beim Verkauf eines Fernsehers für 1500 € erzielt der Händler einen Gewinn von 20 %.

Wie groß war der Einkaufspreis und wie hoch war der Gewinn?

Rezept

1. Welche Größen sind gegeben?	Verkaufspreis P = 1500 € Gewinn p % = 20 %
2. Welche Größe ist der Grundwert G?	Einkaufspreis G
3. Wie viel Prozent sind das?	G = 100 %
4. Aus welchen Prozentanteilen setzt sich hier der Verkaufspreis zusammen (**vermehrter Grundwert**)?	Einkaufspreis + Gewinn = = Verkaufspreis 100 % + 20 % = 120 %
5. Berechnung des Einkaufspreises (100 %).	120 % = 1500 € $1\,\% = \frac{1500\,€}{120}$ $100\,\% = \frac{1500\,€}{120} \cdot 100 =$ = 1250 €
6. Wie groß ist der Gewinn?	Verkaufspreis – Einkaufspreis = = Gewinn 1500 € – 1250 € = 250 €
7. Ergebnis:	Der Einkaufspreis beträgt 1250 €, der Gewinn 250 €.

7

Einen Videorekorder konnte der Händler nur für 935 € verkaufen. Das bedeutet für ihn einen Verlust von 15 %.

Wie groß war der Einkaufspreis und wie hoch der Verlust in €?

Rezept

1. Welche Größen sind gegeben?	Verkaufspreis P = 935 € Verlust p % = 15 %
2. Welche Größe ist der Grundwert G?	Einkaufspreis G
3. Wie viel Prozent sind das?	G = 100 %
4. Aus welchen Prozentsätzen setzt sich jetzt der Verkaufspreis zusammen (**verminderter Grundwert**)?	Einkaufspreis – Verlust = = Verkaufspreis $100\,\% - 15\,\% = 85\,\%$
5. Berechnung des Einkaufspreises.	$85\,\% = 935$ € $1\,\% = \frac{935\text{ €}}{85}$ $100\,\% = \frac{935\text{ €}}{85} \cdot 100 = 1100\text{ €}$
6. Wie hoch ist der Verlust?	Einkaufspreis – Verkaufspreis = = Verlust 1100 € – 935 € = 165 €
7. Ergebnis:	Der Einkaufspreis beträgt 1100 €, der Verlust 165 €.

7

6.4 Rabatt, Skonto, Mehrwertsteuer

Merke

Rabatt ist ein Preisnachlass, der vom ursprünglichen Preis (oft Rechnungsbetrag bzw. Verkaufspreis genannt) abgezogen werden darf.

Skonto ist ein Preisnachlass, den man erhält, wenn eine Rechnung sofort oder innerhalb eines kurzen Zeitraumes bezahlt wird.

Mehrwertsteuer ist dagegen ein Preisaufschlag, der auf den Endbetrag einer Rechnung (also auf den Betrag nach Abzug von Rabatten) aufgeschlagen wird. Sie beträgt derzeit 16 % und muss vom Geschäftsmann an den Staat abgeführt werden.

Beachte diese Lösungsschritte:
1. Zerlege die Aufgaben in Teilaufgaben.
2. Überlege, ob du den ermittelten Wert subtrahieren (bei Rabatt und Skonto) oder addieren (bei Mehrwertsteuer) musst.
3. Notiere das Endergebnis.

Denk nach!

Überlege, ob diese Aufgaben jeweils auf einen vermehrten oder verminderten Grundwert führen.

a) Auf einen Verkaufspreis werden 10 % Rabatt gewährt.
Wie viel Prozent entspricht dann dem gezahlten Betrag?

b) Auf der Rechnung des Handwerkers sind 16 % Mehrwertsteuer angegeben. Wie viel Prozent umfasst dann der gesamte zu zahlende Betrag?

Rezept

Ein Händler wirbt mit 15 % Rabatt auf alle Waren.

Wie viel € sind das bei einem ursprünglichen Rechnungsbetrag von 170 €? Wie hoch ist der zu zahlende Betrag?

1. Wie groß ist der Grundwert G?	G = 170 €
2. Wie groß ist der Rabatt p %?	p % = 15 %
3. Wie berechnest du den Rabatt P?	15 % von 170 € → $\frac{15}{100} \cdot 170\,€ = \boxed{25{,}50\,€}$
4. Welcher Betrag muss bezahlt werden?	Rechnungsbetrag – $\boxed{\text{Rabatt}}$ = = zu zahlender Betrag 170 € – $\boxed{25{,}50\,€}$ = = 144,50 €

7

Eine Firma gewährt bei sofortiger Bezahlung 3 % Skonto. Der Rechnungsbetrag lautet 2500 €.

Welcher Betrag muss bezahlt werden und wie hoch ist die Ersparnis?

1. Wie groß ist G?	G = 2500 €
2. Wie hoch ist der Skonto p %?	p % = 3 %
3. Wie berechnest du den Skonto P?	3 % von 2500 € → $\frac{3}{100} \cdot 2500\,€ = \boxed{75\,€}$
4. Welcher Betrag muss bezahlt werden?	Rechnungsbetrag – $\boxed{\text{Skonto}}$ = = zu zahlender Betrag 2500 € – $\boxed{75\,€}$ = 2425 €
5. Ergebnis:	Es müssen 2425 € bezahlt werden. Der Kunde spart dabei 75 €.

Für Malerarbeiten sind Kosten von 15 400 € entstanden. Sie erhöhen sich noch um die gesetzlichen 16 % Mehrwertsteuer.

Wie viel € entfallen auf die Mehrwertsteuer und welcher Betrag muss insgesamt bezahlt werden?

Rezept

1. Wie groß ist G?

G = 15 400 €

2. Wie hoch ist die Mehrwertsteuer p %?

p % = 16 %

3. Wie berechnest du die Mehrwertsteuer?

16 % von 15 400 € →

$\frac{16}{100} \cdot 15\,400\text{ €} = \boxed{2464\text{ €}}$

4. Welcher Betrag muss bezahlt werden?

Rechnungsbetrag + $\boxed{\text{Mehrwertsteuer}}$ = zu zahlender Betrag

$15\,400\text{ €} + \boxed{2464\text{ €}} = 17\,864\text{ €}$

5. Ergebnis:

Die Mehrwertsteuer beträgt 2464 €, der Gesamtbetrag 17 864 €.

7

7.1 Negative Zahlen

Merke

Spiegelt man den Zahlenstrahl an einer Geraden, die durch 0 geht und senkrecht zum Zahlenstrahl verläuft, erhält man eine **Zahlengerade.**

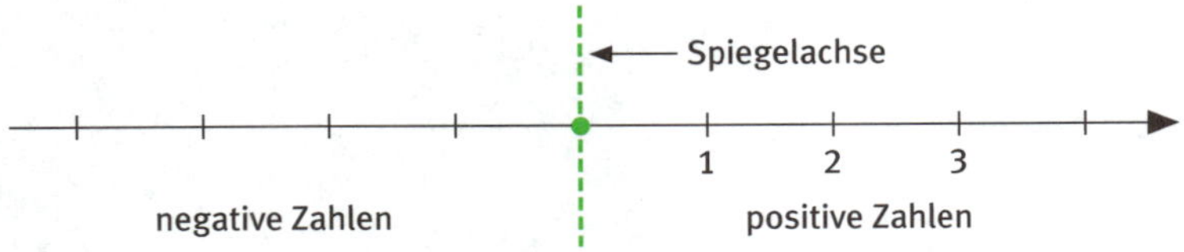

Die nach der Spiegelachse links von 0 liegenden Zahlen heißen **negative Zahlen**, die schon bekannten rechts liegenden **positive Zahlen**.
Die negativen Zahlen kennzeichnet man durch ein Minus-, die positiven durch ein Pluszeichen.

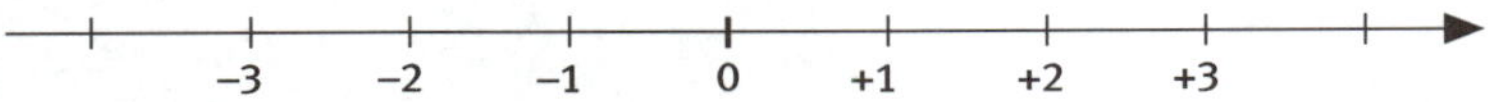

Zahl und gespiegelte Zahl sind zueinander **Gegenzahl**:

+3 ist Gegenzahl zu –3
–3 ist Gegenzahl zu +3

Wenn keine Verwechslung möglich ist, lässt man das Pluszeichen von positiven Zahlen weg und schreibt statt +2 nur 2.

7

Denk nach!

a) Gibt es eine Zahl, die zu sich selbst Gegenzahl ist?

b) Bilde von einer beliebigen Zahl die Gegenzahl ihrer Gegenzahl. Welche Zahl erhältst du?

Rezept

Kennzeichne auf der Zahlengeraden die Lage von $+1\frac{1}{2}$ und $-1\frac{1}{2}$.

1. Zeichne eine Zahlengerade.

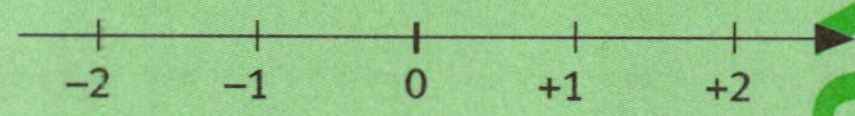

2. Kennzeichne $+1\frac{1}{2}$.

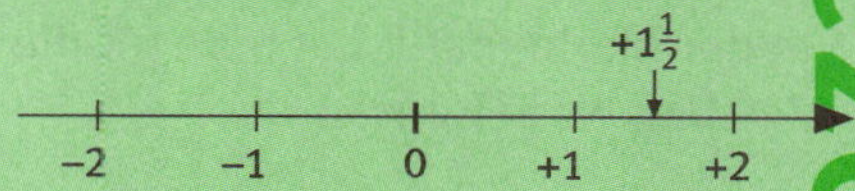

3. Spiegele $+1\frac{1}{2}$ am Nullpunkt.

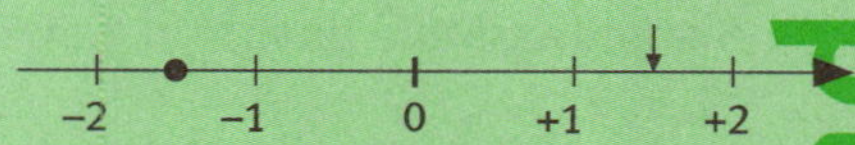

4. Ergebnis:

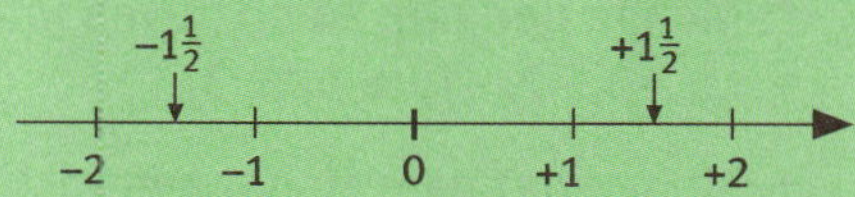

Welche Zahlen müssen in diesen Kreisen eingetragen werden?

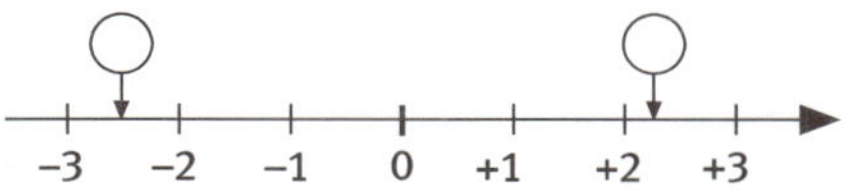

1. Betrachte die rechts vom Nullpunkt liegende gesuchte Zahl. Welches Vorzeichen muss sie haben? — +
2. Lies ihre Größe ab. — $+2\frac{1}{4}$
3. Welches Vorzeichen muss die links vom Nullpunkt liegende Zahl haben? — –
4. Lies ihre Größe ab. — $-2\frac{1}{2}$
5. Ergebnis:

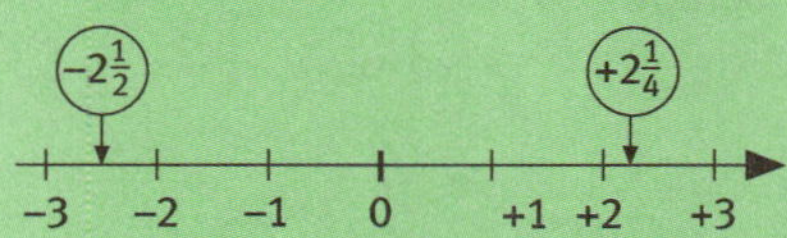

Ermittle zu +1,7 die Gegenzahl.

1. Welches Vorzeichen muss die Gegenzahl zu +1,7 haben? — –
2. Welchen Abstand hat sie vom Nullpunkt? — den gleichen wie +1,7
3. Ergebnis: — Die Gegenzahl zu +1,7 heißt –1,7.

7.2 Diese Zahlenmengen musst du kennen

Merke

In der Mathematik hat man für die verschiedenen Zahlenmengen diese Zeichen eingeführt:

$\mathbb{N}$: Menge der natürlichen Zahlen.
Sie umfasst alle positiven ganzen Zahlen einschließlich der 0:
$\{0, 1, 2, 3, ...\}$

$\mathbb{Z}$: Menge der ganzen positiven und negativen Zahlen einschließlich 0:
$\{..., -3, -2, -1, 0, 1, 2, 3, ...\}$

$\mathbb{Q}$: Menge der ganzen und gebrochenen positiven und negativen Zahlen:
$\{..., -2, -1\frac{1}{2}, -\frac{3}{4}, 0, 1, 1\frac{5}{8}, 2, ...\}$

Zwischen den Zahlenmengen gilt diese Beziehung:

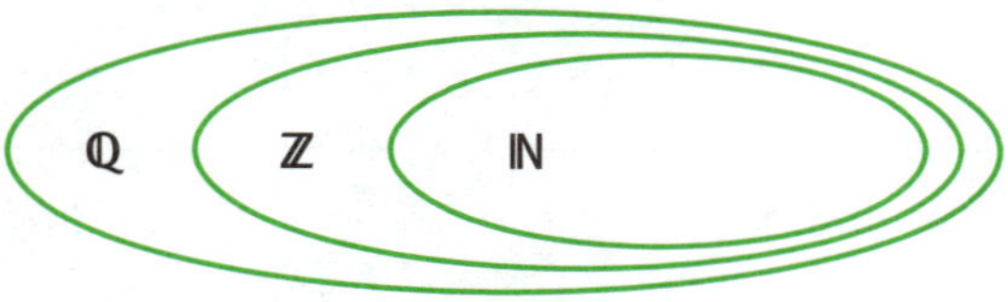

7

Die Zugehörigkeit oder Nichtzugehörigkeit einer Zahl zu einer bestimmten Menge kennzeichnest du durch diese Zeichen:

$\in$ gelesen: „ist Element von"
$\notin$ gelesen: „ ist nicht Element von"

gilt beispielsweise

$-3 \notin \mathbb{N}, \quad -3 \in \mathbb{Z}$

Denk nach!

Kannst du die Zahlen 1, –1, $\frac{1}{2}$ in diese Ovale eintragen?

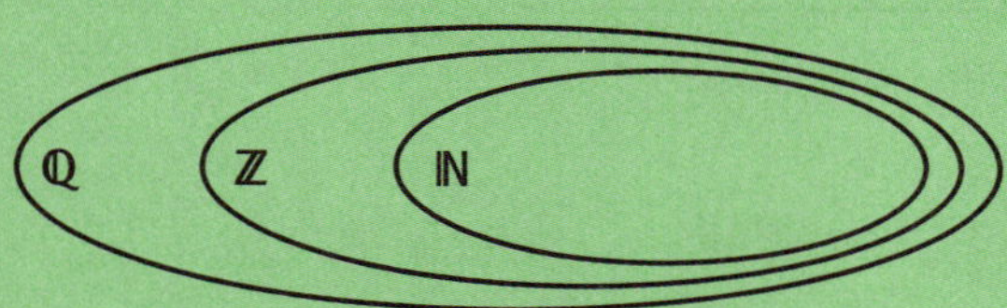

Zu welchen Mengen $\mathbb{N}, \mathbb{Z}, \mathbb{Q}$ gehört jeweils $\frac{1}{5}$?

Rezept

1. Ist $\frac{1}{5}$ eine positive ganze Zahl?	nein
2. Kann also $\frac{1}{5}$ zu $\mathbb{N}$ gehören?	nein, also $\frac{1}{5} \notin \mathbb{N}$
3. Ist $\frac{1}{5}$ eine negative ganze Zahl?	nein
4. Kann also $\frac{1}{5}$ zu $\mathbb{Z}$ gehören?	nein, also $\frac{1}{5} \notin \mathbb{Z}$
5. Ist $\frac{1}{5}$ eine gebrochene Zahl?	ja
6. Gehört $\frac{1}{5}$ demnach zu $\mathbb{Q}$?	ja, also $\frac{1}{5} \in \mathbb{Q}$
7. Ergebnis:	$\frac{1}{5} \notin \mathbb{N}$, $\frac{1}{5} \notin \mathbb{Z}$, $\frac{1}{5} \in \mathbb{Q}$

7

7.3 Betrag und Kleiner-größer-Beziehung

Betrag

Merke

Der Abstand einer rationalen Zahl a vom Nullpunkt der Zahlengeraden heißt **Betrag** der Zahl.

Man schreibt |a| und liest: „Betrag von a".
Es gilt: $|0| = 0$
Der Betrag einer Zahl ist also immer positiv oder 0.

Kleiner-größer-Beziehung

Merke

Eine rationale Zahl a ist dann **kleiner** als b, wenn a auf der Zahlengeraden **links** von b liegt.

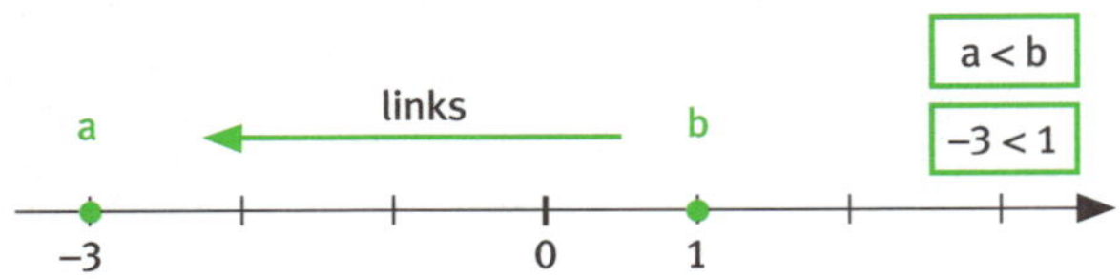

Die rationale Zahl a ist dagegen **größer** als b, wenn a **rechts** von b liegt.

Die Kleiner-größer-Beziehung zwischen positiven Zahlen wird dir keine Schwierigkeiten bereiten. Vergleichst du dagegen –2 mit –4, so hast du möglicherweise mehr Probleme, weil $-2 > -4$ gilt, denn –2 liegt **rechts** von –4.

Denk nach!

Kannst du mithilfe des Betragsbegriffs einer Zahl begründen, warum $-2 > -4$ gilt?
Versuche es. Was stellst du fest?

Rezept

Bestimme $|-\frac{1}{4}|$.

1. Was bedeutet der Betrag einer Zahl?	Abstand der Zahl vom Nullpunkt
2. Ist der Betrag stets positiv oder negativ?	positiv
3. Ergebnis:	$\left|-\frac{1}{4}\right| = \frac{1}{4}$

Ermittle alle Zahlen x aus $\mathbb{Q}$, für die $|x| = 3$ ist.

1. Wie groß muss der Abstand der Zahl x vom Nullpunkt sein?	3
2. Welche x besitzen diesen Abstand?	–3 und +3
3. Ergebnis:	$|x| = 3$ Für $x = -3$ und $x = 3$

Vergleiche die Zahlen –5 und –3. Setze das Zeichen > bzw. <.

1. Liegt –5 rechts oder links von –3 auf der Zahlengeraden?	links
2. Ist –5 also größer oder kleiner als –3?	kleiner
3. Ergebnis:	$-5 < -3$

Bestimme alle x aus G = {–2, –1, 0, 1, 2} für die x > –1 gilt.

1. Untersuche alle Zahlen aus G so: Gilt $-2 > -1$?	nein
2. Gilt $-1 > -1$?	nein
3. Gilt $0 > -1$?	ja; 0 ist also Lösung
4. Gilt $1 > -1$?	ja; 1 ist also Lösung
5. Gilt $2 > -1$?	ja; 2 ist also Lösung
6. Ergebnis:	0, 1, 2 sind Lösungen

8.1 So addierst und subtrahierst du rationale Zahlen

Merke

In Additions- und Subtraktionsaufgaben können **Vorzeichen** und **Rechenzeichen** (Verknüpfungszeichen) auftreten.

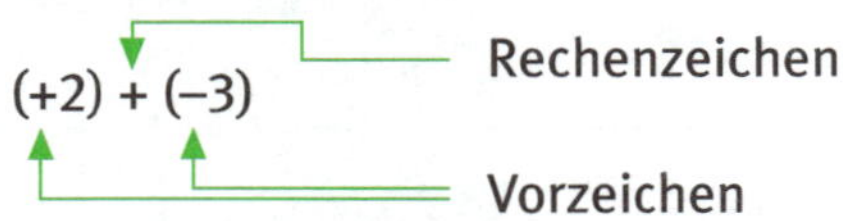

Vorzeichen und Rechenzeichen werden so zu einem **Rechenzeichen** zusammengefasst:

+(+a)	und	–(–a)	zu	+a
+(–a)	und	–(+a)	zu	–a

Steht vor der Klammer kein Rechenzeichen, so lässt man die Klammer weg.

Vor dem Addieren bzw. Subtrahieren solltest du eventuell vorhandene Klammern beseitigen.

Merke

Denke beim Addieren und Subtrahieren an die Zahlengerade:
nach **rechts** wird **addiert** nach **links** wird **subtrahiert**

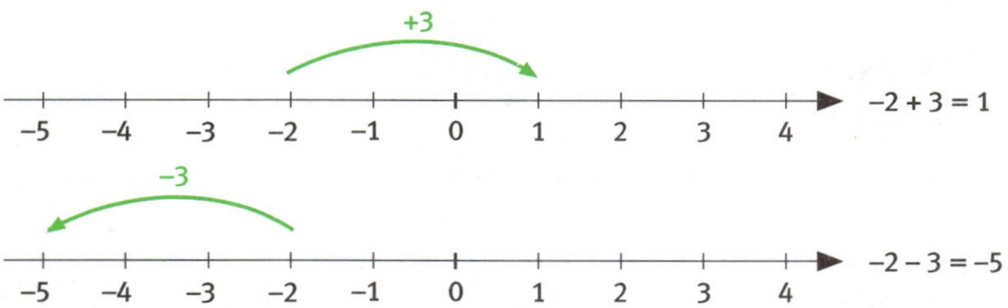

Denk nach!

Jede Addition kannst du durch eine Subtraktion rückgängig machen und umgekehrt. Es entsteht jeweils die Umkehraufgabe. Bilde hierzu Umkehraufgaben:

–3 – 2 = –5	–4 + 6 = +2
–5 ___ = __	+2 ___ = __

Rezept

Schreibe diesen Ausdruck ohne Klammern: (–3) + (–5) – (–6) = ?

1. Darfst du von (–3) die Klammern weglassen?	ja, also (–3) = –3
2. Darfst du auch bei + (–5) die Klammer einfach weglassen?	ja, also + (–5) = –5
3. Wie verhält es sich bei –(–6)?	Klammer weglassen und Vorzeichen ändern. also: – (–6) = +6
4. Ergebnis:	(–3) + (–5) – (–6) = –3 – 5 + 6 = –2

Berechne den Ausdruck $-(-2) + (-3\frac{1}{2}) - (+4) = ?$

1. Löse erst alle Klammern.	$-(-2) + (-3\frac{1}{2}) - (+4) =$ $2 \underbrace{-3\frac{1}{2} - 4}$ = $2 \quad -7\frac{1}{2} = -5\frac{1}{2}$
2. Ergebnis:	$-(-2) + (-3\frac{1}{2}) - (+4) = -5\frac{1}{2}$

7

8.2 So musst du multiplizieren und dividieren

Merke

Für Multiplikation und Division rationaler Zahlen gelten folgende Vorzeichenregeln:

+ {mal / geteilt} + – {mal / geteilt} –	ergibt jeweils +	also: **gleiche Vorzeichen** ergeben **+**
+ {mal / geteilt} – – {mal / geteilt} +	ergibt jeweils –	also: **verschiedene Vorzeichen** ergeben **–**

Achtung: Durch 0 kann nicht dividiert werden.

Beim Rechnen mit Nullen musst du besonders aufpassen:

Beispiele: $0 \cdot (-3) = 0$
$4 \cdot 0 = 0$
$0 : (-3) = 0$

Aber $(-3) : 0$ ist nicht möglich.

Denk nach!

Jede Multiplikation kannst du durch eine Division rückgängig machen.
Es entsteht auch hier jeweils eine Umkehraufgabe.
Bilde hierzu Umkehraufgaben:

$-3 \cdot 4 = -12$ $\qquad$ $-2 \cdot (-5) = 10$

$-12 : \_ = \_\_$ $\qquad$ $10 : \_\_\_ = \_\_\_$

Rezept

Rechne (–7) · (+4) = ?

1. Was ergibt – · +?	–
2. Ergebnis:	$(-7) \cdot (+4) = -28$

Rechne 12 : (–3) = ?

1. Welches nicht notierte Vorzeichen besitzt 12?	+
2. Was ergibt + : –?	–
3. Ergebnis:	$12 : (-3) = -4$

Rechne (–3) · 0 = ?

1. Was ergibt eine Multiplikation, in der ein Faktor 0 ist?	0
2. Ergebnis:	$(-3) \cdot 0 = 0$

Rechne 0 : (–3) = ?

1. Was ergibt 0 dividiert durch eine von 0 verschiedene Zahl?	0
2. Ergebnis:	$0 : (-3) = 0$

8.3 Terme mit rationalen Zahlen

Merke

In Klammern steht das, was zuerst berechnet werden soll. Sind in einem Term zwei Klammersorten, so rechnest du am besten von innen nach außen, also zuerst die innere Klammer, dann die andere.

Ist in einem Rechenausdruck (Term) durch Klammer nicht festgelegt, in welcher Reihenfolge gerechnet werden soll, so gilt **Punktrechnung vor Strichrechnung**.

Beispiel:

$6 - 3 \cdot (4 - 3 \cdot \underbrace{(7 - 1)})$

$6 - 3 \cdot (4 - \underbrace{3 \cdot 6})$ ← innere Klammer gerechnet

$6 - 3 \cdot (\underbrace{4 - 18})$ ← äußere Klammer gerechnet, dabei

$6 - 3 \cdot (-14)$ ← Punktrechnung vor Strichrechnung

$6 + 42 = 48$

Denk nach!

Hier wurde die Klammer nicht ausgerechnet, sondern aufgelöst.

Überprüfe, ob du jeweils das gleiche Ergebnis erhältst:

a) $4 - (2 - 5 + 1) =$ ________

$4 - 2 + 5 - 1 =$ ________

b) $5 + (8 - 5 + 2) =$ ________

$5 + 8 - 5 + 2 =$ ________

7

Rezept

Berechne: $4{,}5 - (3{,}5 + 4 - 1{,}5) = ?$

1. Gibt es in der Aufgabe Klammern?	ja
2. Ermittle erst den Klammerinhalt.	$(3{,}5 + 4 - 1{,}5) = 6$
3. Wie lautet die Aufgabe jetzt?	$4{,}5 - 6 = -1{,}5$
4. Ergebnis:	$4{,}5 - (3{,}5 + 4 - 1{,}5) = -1{,}5$

Berechne:
$(5 - 3) \cdot (-8{,}7 - 2{,}6 + 1{,}3) = ?$

1. Berechne die erste Klammer.	$(5 - 3) = 2$
2. Welchen Wert hat die zweite Klammer?	$(-8{,}7 - 2{,}6 + 1{,}3) = -10$
3. Wie lautet die Aufgabe jetzt?	$2 \cdot (-10) = -20$
4. Ergebnis:	$(5 - 3) \cdot (-8{,}7 - 2{,}6 + 1{,}3) = -20$

Berechne:
$8 - 12 : (9{,}7 - 6 + 2{,}3) - 3 = ?$

1. Berechne zuerst die Klammer.	$(9{,}7 - 6 + 2{,}3) = 6$
2. Wie heißt jetzt die Aufgabe?	$8 - 12 : 6 - 3 = ?$
3. Was musst du jetzt beachten?	Punktrechnung vor Strichrechnung: $12 : 6 = 2$
4. Rechne.	$8 - 2 - 3 = 3$
5. Ergebnis:	$8 - 12 : (9{,}7 - 6 + 2{,}3) - 3 = 3$

Berechne: $-3 \cdot (7 + 2 \cdot (6 - 8)) = ?$

Rezept

1. Welche Klammer musst du zuerst ausrechnen?	die innere: $(6 - 8) = -2$
2. Wie lautet die Aufgabe nun?	$-3 \cdot (7 + 2 \cdot (-2)) = ?$
3. Rechne die innere Klammer aus.	$(7 + 2 \cdot (-2)) = 7 - 4 = 3$
4. Welche Aufgabe musst du nun noch lösen?	$-3 \cdot 3 = -9$
5. Ergebnis:	$-3 \cdot (7 + 2 \cdot (6 - 8)) = -9$

7

8.4 Gesetze für das Rechnen mit rationalen Zahlen

Merke

Addition und Subtraktion

1. Du darfst beim Addieren die Zahlen **vertauschen**:
   $a + b = b + a$ (Kommutativgesetz)
   Du darfst auch beim Subtrahieren die Zahlen vertauschen, wenn du das Vorzeichen mitnimmst: $a - b = -b + a$
2. Du darfst beim Addieren die Zahlen verschieden **zusammenfassen**:
   $a + (b + c) = (a + b) + c$ (Assoziativgesetz)

Multiplikation

1. Du darfst auch bei der Multiplikation die Faktoren **vertauschen**:
   $a \cdot b = b \cdot a$ (Kommutativgesetz)
2. Du darfst die Faktoren verschieden zusammenfassen:
   $a \cdot (b \cdot c) = (a \cdot b) \cdot c$ (Assoziativgesetz)

Multiplikation und Addition

1. Du darfst eine Summe auch **schrittweise** multiplizieren:
   $a \cdot (b + c) = a \cdot b + a \cdot c$ (Distributivgesetz)

Kommutativgesetz und Assoziativgesetz gelten auch für Terme (Rechenausdrücke), in denen mehr als zwei Zahlen auftreten. Meist wendet man diese Gesetze dann an, wenn man eine Rechnung vereinfachen möchte.

Denk nach!

Herr Huber vergrößert seine Terrasse um 3 m.

a) Wie viele Platten waren es vorher?

b) Wie viele sind hinzugekommen?

c) Wie viele sind es nun insgesamt?

d) Kannst du c) mithilfe des Distributivgesetzes lösen?

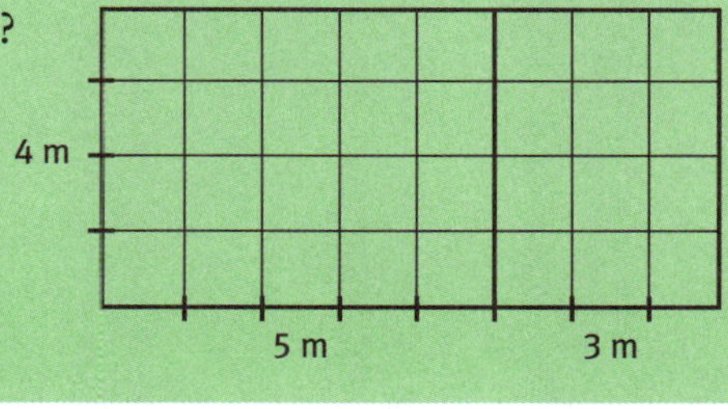

Rezept

Rechne geschickt:
$-5{,}7 + 2{,}9 - 2{,}3 = ?$

1. Welche Zahlen ergänzen sich gut?	$-5{,}7$ und $-2{,}3$
2. Vertausche die 2. mit der 3. Zahl.	$\underbrace{-5{,}7 - 2{,}3}_{} + 2{,}9$
3. Fasse zusammen.	$-8 + 2{,}9 = -5{,}1$
4. Ergebnis:	$-5{,}7 + 2{,}9 - 2{,}3 = -5{,}1$

Rechne geschickt:
$12 \cdot (-5) \cdot (-\frac{1}{4}) = ?$

1. Welche Zahlen eignen sich gut zum Rechnen?	12 und $-\frac{1}{4}$
2. Vertausche den 2. und 3. Faktor.	$\underbrace{12 \cdot (-\frac{1}{4})}_{} \cdot (-5)$
3. Fasse zusammen.	$-3 \cdot (-5) = 15$
4. Ergebnis:	$12 \cdot (-5) \cdot (-\frac{1}{4}) = 15$

Rechne geschickt:
$8 \cdot (7 - 1{,}25) = ?$

1. Wende das Distributivgesetz an.	$8 \cdot (7 - 1{,}25) = \underbrace{8 \cdot 7}_{} + \underbrace{8 \cdot (-1{,}25)}_{}$
2. Rechne aus.	$56 - 10 = 46$
3. Ergebnis:	$8 \cdot (7 - 1{,}25) = 46$

7

9.1 Grundlagen

Merke

Von **Aussagen** kann man angeben, ob sie wahr oder falsch sind:

$3 + 4 = 7$	ist ein wahre Aussage
$3 + 4 = 5$	ist eine falsche Aussage
$3 + 4 < 8$	ist eine wahre Aussage

Ausdrücke wie $4 + x < 7$ oder $4 + x = 7$ heißen **Aussageformen**. Sie enthalten mindestens eine Variable (hier x). Von ihnen kann man daher nicht sagen, ob sie wahr oder falsch sind.

Alle Zahlen, die man für die Variable x einer Aussageform einsetzen **darf**, bilden die **Grundmenge G**.
Durch jede Ersetzung entsteht eine Aussage.
Ersetzungen, die zu einer wahren Aussage führen, heißen **Lösungen**.
Alle Lösungen der betreffenden Aussageform bilden die **Lösungsmenge L**.

Denk nach!

Welche dieser Sätze sind Aussagen? Begründe es.

a) Mathe ist das beste Schulfach.

b) Die Erde ist kugelförmig.

c) Der Mond ist bewohnt.

d) Spargel ist das leckerste Gemüse.

Rezept

Ist $4 - x < 5$ eine Aussage oder Aussageform?

1. Kommt in $4 - x < 5$ eine Variable vor?	ja
2. Kannst du also angeben, ob $4 - x < 5$ wahr oder falsch ist?	nein
3. Ergebnis:	$4 - x < 5$ ist eine Aussageform.

Bestimme von $8 - x > 5$ für $G = \{1, 2, 3, 4\}$ die Lösungsmenge.

1. Ersetze x durch 1.	$8 - 1 > 5$ $7 > 5$
2. Ist 1 also Lösung?	ja
3. Setze $x = 2$.	$8 - 2 > 5$ $6 > 5$
4. Ist 2 also Lösung?	ja
5. Nimm $x = 3$.	$8 - 3 > 5$ $5 > 5$
6. Ist diese Aussage $5 > 5$ wahr? Kann 3 also Lösung sein?	nein
7. Setze $x = 4$.	$8 - 4 > 5$ $4 > 5$
8. Ist 4 Lösung?	nein
9. Ergebnis:	$8 - x > 5$ besitzt in $G = \{1, 2, 3, 4\}$ die Lösungsmenge $L = \{1, 2\}$.

7

9.2 Lösungsmengen von Gleichungen und Ungleichungen

Merke

Gleichungen wie $x + 7 = 10$ und Ungleichungen wie $x + 7 < 10$ mit einer Variablen sind Aussageformen.

Um ihre jeweiligen Lösungsmengen L bestimmen zu können, muss eine Grundmenge G vorgegeben sein. L ist stets eine Teilmenge von G.
L kann auch leer sein.
Man schreibt $L = \{\ \}$ oder $L = \emptyset$.
Die entsprechende Gleichung oder Ungleichung besitzt dann in G keine Lösungen.

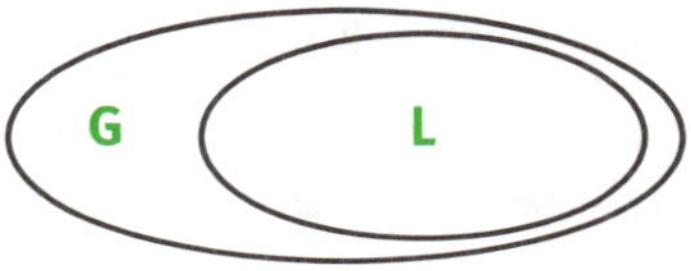

Wir haben bisher die Lösungsmengen in **aufzählender Form** geschrieben, d. h. jedes Element der Lösungsmenge notiert. Das geht natürlich nur bei endlichen Lösungsmengen. Die Ungleichung $3 + x > 10$ bzw. $x > 7$ besitzt aber in $\mathbb{N}$ unendlich viele Lösungen.
Da man sie nicht alle aufschreiben kann, verwendet man hier besser die **beschreibende Form.**

$$L = \{x \in \mathbb{N} \mid x > 7\}$$

Die Lösungsmenge wird gelesen:
„L ist die Menge aller $x \in \mathbb{N}$ für die $x > 7$ ist.“
Natürlich kann man auch endliche Lösungen beschreibend angeben.

Denk nach!

a) Ist die Zahl 0 ein Element der leeren Menge?

b) Kann es sein, dass in L Zahlen vorkommen, die nicht zu G gehören?

Bestimme die Lösungsmenge von $3 - x = 5$ für $G = \mathbb{N}$.

Rezept

1. Schreibe die Elemente von $G = \mathbb{N}$ auf.	$\mathbb{N} = \{0, 1, 2, 3, \ldots\}$
2. Setze für $x = 0$ ein.	$3 - 0 = 5$ $3 = 5$
3. Kann 0 Lösung sein?	nein
4. Probiere es mit $x = 1$.	$3 - 1 = 2$ $2 = 5$
5. Kann 1 Lösung sein?	nein
6. Welche Seite der Gleichung wird nach dem Einsetzen immer kleiner?	die linke
7. Hat es daher Sinn, weitere Zahlen aus $\mathbb{N}$ für x einzusetzen?	nein
8. Besitzt die Gleichung $3 - x = 5$ in $\mathbb{N}$ Lösungen?	nein
9. Ergebnis:	Die Lösungsmenge von $3 - x = 5$ für $G = \mathbb{N}$ ist leer, also $L = \{\ \}$.

Bestimme die Lösungsmenge von $x + 3 < 4$ für $G = \mathbb{Z}$.

Rezept

1. Notiere die Elemente von $G = \mathbb{Z}$.	$\mathbb{Z} = \{\ldots, -2, -1, 0, 1, 2, \ldots\}$
2. Setze für $x = 0$ ein.	$0 + 3 < 4$ $3 < 4$
3. Ist 0 Lösung?	ja
4. Setze für $x = 1$ ein.	$1 + 3 < 4$ $4 < 4$
5. Kann 1 Lösung sein?	nein
6. Welche Seite der Ungleichung wird nach dem Einsetzen der positiven Zahlen immer größer?	die linke
7. Hat es also Sinn, weitere positive Zahlen einzusetzen?	nein
8. Gibt es also positive ganze von 0 verschiedene Zahlen als Lösungen?	nein
9. Setze für $x = -1$ ein.	$-1 + 3 < 4$ $2 < 4$
10. Ist -1 Lösung?	ja
11. Setze für $x = -2$ ein.	$-2 + 3 < 4$ $1 < 4$
12. Ist -2 Lösung?	ja
13. Was geschieht mit der linken Seite der Ungleichung nach dem Einsetzen der negativen Zahlen?	Sie wird immer kleiner.
14. Sind die negativen ganzen Zahlen also Lösungen der Ungleichung?	ja
15. Ergebnis:	Die Lösungsmenge von $x + 3 < 4$ für $G = \mathbb{Z}$ besteht aus allen ganzen negativen Zahlen und der 0. $L = \{\ldots, -2, -1, 0\}$ bzw. $L = \{x \in \mathbb{Z} \mid x < 1\}$

9.3 Äquivalenzumformungen

Merke

Umformungen, die die Lösungsmengen von Gleichungen und Ungleichungen unverändert lassen, heißen **Äquivalenzumformungen**.
Sind die jeweiligen Umformungen Äquivalenzumformungen?

Umformungen	Gleichungen	Ungleichungen
Addition (+) bzw. Subtraktion (–) beider Seiten mit **beliebigen** Zahlen und Variablen	ja	ja
Multiplikation (·) bzw. Division (:) beider Seiten mit beliebigen **positiven** Zahlen ohne Null	ja	ja
Multiplikation (·) bzw. Division (:) beider Seiten mit beliebigen **negativen** Zahlen	ja	nein wenn aber gleichzeitig $<$ in $>$ und $>$ in $<$ getauscht wird: ja
Vertauschen der Seiten	ja	nein wenn aber gleichzeitig $<$ in $>$ und umgekehrt getauscht wird: ja

Denk nach!

a) Warum kann $x + 2 = \frac{1}{2}$ in $\mathbb{Z}$ keine Lösungen besitzen?

b) Wie verhält es sich mit $x + 2 < \frac{1}{2}$?

Rezept

Berechne die Lösungsmenge von $3x + 6 = 12$ für $G = \mathbb{Z}$.

1. Subtrahiere von **beiden** Seiten der Gleichung 6.	$3x + 6 = 12 \quad \mid -6$
2. Dividiere **beide** Seiten durch 3.	$3x = 6 \quad \mid :3$ $x = 2$
3. Gib die Lösungsmenge an (aufzählend). Übrigens: Für Gleichungen gibt man die Lösungsmengen fast nur aufzählend an.	$L = \{2\}$
4. Ergebnis:	$3x + 6 = 12$ besitzt für $G = \mathbb{Z}$ die Lösungsmenge $L = \{2\}$.

Ermittle die Lösungsmenge von $10 - 5x < 25$ für $G = \mathbb{Z}$.

1. Subtrahiere von **beiden** Seiten 10.	$10 - 5x < 25 \quad \mid -10$ $-5x < 15$
2. Durch welche Zahl musst du **beide** Seiten dividieren?	$:(-5)$
3. Was bedeutet das für das <-Zeichen?	< ersetzen durch >
4. Dividiere.	$-5x < 15 \quad \mid :(-5)$ $x > -3$
5. Schreibe die Lösungsmenge von $x > -3$ aufzählend.	$L = \{-2, -1, 0, 1, 2, \ldots\}$
6. Notiere die Lösungsmenge beschreibend.	$L = \{x \in \mathbb{Z} \mid x > -3\}$
7. Ergebnis:	$10 - 5x < 25$ besitzt für $G = \mathbb{Z}$ die Lösungsmenge $L = \{x \in \mathbb{Z} \mid x > -3\}$

Bestimme von $3x - 8 < 4$ jeweils die Lösungsmenge für $G = \mathbb{N}$, $G = \mathbb{Z}$ und $G = \mathbb{Q}$.

Rezept

1. Welche Zahl musst du auf beiden Seiten addieren?	+8
2. Addiere.	$3x - 8 < 4 \quad \mid +8$ $3x < 12$
3. Durch welche Zahl musst du dividieren?	:3
4. Hat das Einfluss auf das <-Zeichen?	nein
5. Dividiere.	$3x < 12 \quad \mid :3$ $x < 4$
6. Wie lautet die Lösungsmenge L für $G = \mathbb{N}$ beschreibend?	$L = \{x \in \mathbb{N} \mid x < 4\}$
7. Notiere die Lösungsmengen für $G = \mathbb{Z}$ und $G = \mathbb{Q}$.	$L = \{x \in \mathbb{Z} \mid x < 4\}$ $L = \{x \in \mathbb{Q} \mid x < 4\}$
8. Ergebnis:	$3x - 8 < 4$ besitzt für $G = \mathbb{N}$, $G = \mathbb{Z}$, $G = \mathbb{Q}$ die Lösungsmengen $L = \{x \in \mathbb{N} \mid x < 4\}$ $L = \{x \in \mathbb{Z} \mid x < 4\}$ $L = \{x \in \mathbb{Q} \mid x < 4\}$

Lösungen der Aufgaben „Denk nach!"

1 Zuordnungen

1.1 a)

a	b	c	d	e	f	g	h	i	j	k	l	m	n	o	p	q	r	s	t	u	v	w	x	y	z
b	c	d	e	f	g	h	i	j	k	l	m	n	o	p	q	r	s	t	u	v	w	x	y	z	a

b) n b u i f   n b d i u   t q b t t
c) Nieder mit Mathe

1.2 a) ja
b) ja
c) Schnittpunkt von Rechts- und Hochachse

2 Proportionale und antiproportionale Zuordnungen

2.1 a) ja
b) ja
c) nein
d) nein
e) ja

2.2 a) gar keine Proportionalität: 180 km;
b) Proportionalität: 4250 kg
c) Antiproportionalität: 3 Wagen

2.3 a) ① ist quotientengleich: $\frac{6}{1} = \frac{12}{2} = \frac{18}{3} = \frac{24}{4} = 6$
② ist produktgleich: $1 \cdot 30 = 2 \cdot 15 = 3 \cdot 10 = 4 \cdot 7{,}5 = 30$
b) ① ist proportional; 2 antiproportional

2.4 a) jeweils 1: $1 : 1 = 2 : 2 = 3 : 3 = 4 : 4 = 1$
b) jeweils 6: $1 \cdot 6 = 2 \cdot 3 = 3 \cdot 2 = 6 \cdot 1 = 6$

3 Schlussrechnung (Dreisatzrechnung)

3.1 a) Der korrekte Preis beträgt $4 \cdot 90\,€ = 360\,€$.
b) 1 kg kostet 0,58 €; 11 kg kosten $11 \cdot 0{,}58\,€ = 6{,}38\,€$.

3.2 a) Bei gleicher Geschwindigkeit müsste er es in 2 Stunden schaffen, weil $3 \cdot 10\,\text{km} = 2 \cdot 15\,\text{km}$.
b) Aufgabe ist richtig gerechnet.

3.3 a) ja   b) ja   c) ja

7

4 Prozentrechnung

4.1 a) 2 ‰ = 0,2 %
b) 2 % = 20 ‰

4.2 Nein, denn Sonja gewinnt mit 20 Stimmen zu 80, also $\frac{20}{80} = \frac{1}{4} = 25\,\%$
Timo dagegen 20 Stimmen zu 100, also $\frac{20}{100} = 20\,\%$

4.3 Herr Faber geht von einem falschen Grundwert aus:
160 € entsprechen nicht 100 % wie Herr Faber meint,
sondern 80 %, weil ja 20 % abgezogen wurden.
Wenn 80 % den 160 € entsprechen, ergeben 20 % die 40 €,
über die sich Frau Faber freut.

4.4 Guidos Taschengeld von 55 € setzt sich zusammen aus G = 100 % und 10 % Erhöhung, also 110 %. G = 55 : 1,1 ergibt G = 50 €.
Olafs Taschengeld von 36 € setzt sich zusammen aus G = 100 % und 10 % Kürzung, also 90 %. G = 36 : 0,9 ergibt G = 40 €.

5 Zinsrechnung

5.1 Herr Krösus verzinst im zweiten Jahr 1 000 000 € + 100 000 € = = 1 100 000 € und erhält insgesamt 110 000 € Zinsen.
Darin sind 10 000 € Zinseszinsen enthalten.

7

5.2 100 %; 100 % von 20 000 € ergeben 20 000 €.

5.3 Das Kapital verdoppeln:
6 % von 5000 € ergeben die gleichen Zinsen wie 3 % von 10 000 €.

5.4 a) 600 € Zinsen b) ja c) ja

6 Anwendungen der Prozentrechnung

6.1 Zu 6 cm ↦ 50 %, zu 4 cm ↦ 33,3 %, zu 3 cm ↦ 25 %
und zu 2 cm ↦ 16,7 %

6.2 a) Halber Kreis ↦ 180°; Viertelkreis ↦ 90°; Drittelkreis ↦ 120°
b) Halber Kreis ↦ 50 %; Viertelkreis ↦ 25 %; Drittelkreis ↦ 33,3 %

6.3 Nein, 10 % von 100 € = 10 €.
Das ergibt einen Verkaufspreis von 100 € – 10 € = 90 €.
10 % von 90 € = 9 €.
Der neue Verkaufspreis beträgt 90 € – 9 € = 81 €.
20 % von 100 € = 20 €;
Verkaufspreis jetzt 100 € – 20 € = 80 €.

6.4 a) Verminderter Grundwert 90 %
b) Vermehrter Grundwert 116 %

7 Rationale Zahlen

7.1 a) ja, die Null
b) die ursprüngliche Zahl

7.2

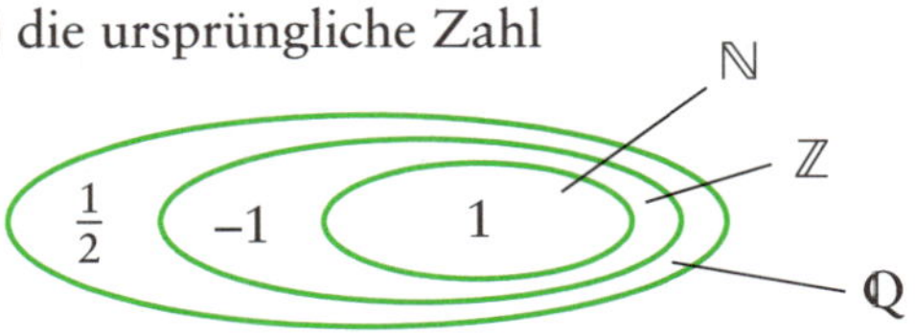

7.3 Es geht nicht, weil $|-2| = 2$, $|-4| = 4$ und $2 < 4$ gilt.

8 Rechnen mit rationalen Zahlen

8.1 $(-3) - 2 = -5$ $\quad$ $(-4) + 6 = +2$
$-5 + 2 = (-3)$ $\quad$ $+2 - 6 = (-4)$

8.2 $(-3) \cdot 4 = -12$ $\quad$ $(-2) \cdot (-5) = 10$
$-12 : 4 = (-3)$ $\quad$ $10 : (-5) = (-2)$

8.3 a) $4 - (2 - 5 + 1) = 6$
$4 - 2 + 5 - 1 = 6$
b) $5 + (8 - 5 + 2) = 10$
$5 + 8 - 5 + 2 = 10$

8.4 a) $4 \cdot 5 = 20$
b) $4 \cdot 3 = 12$
c) $20 + 12 = 32$
d) $4 \cdot (5 + 3) = 32$

9 Einfache Gleichungen und Ungleichungen

9.1 a) keine Aussage, weil Ansichtssache
b) eine wahre Aussage
c) falsche Aussage
d) keine Aussage, weil das jeder anders sieht.

9.2 a) nein $\quad$ b) nein

9.3 a) Weil hier nur Bruchzahlen Lösungen sein können.
b) Hier gibt es Lösungen aus ℤ, z. B. $x = -3$,
weil $-3 + 2 = -1$ und $-1 < \frac{1}{2}$ ist.

Mathe Algebra
8. Schuljahr

Inhaltsverzeichnis Mathe Algebra 8. Schuljahr

1.1 Terme und Termersetzungen

Merke

Ausdrücke wie

25; $7(9-12)$; x^2+1; $\frac{a-3b}{5c}$

heißen Terme. Sie bestehen entweder nur aus **Zahlen** oder aus **Zahlen** und **Variablen**.

Terme, die nur aus Zahlen bestehen, lassen sich durch **Termumformungen** in Zahlen überführen.
Das Ziel der Termumformungen ist die Vereinfachung der Rechenausdrücke.
Viele Terme enthalten Variablen.

Merke

Terme mit Variablen gehen durch Ersetzen der Variablen mit Zahlen aus einer vorher bestimmten Menge – hier meist $\mathbb{Q}$ – in Zahlen über.
Kommt in einem Term eine Variable mehrfach vor, z. B. $a(2a-3b)$, so muss sie jeweils durch die gleiche Zahl ersetzt werden.

Ergeben sich bei zwei Termen bei gleichen Ersetzungen der Variablen stets die gleichen Zahlen, so sind die beiden Terme gleichwertig.

Denk nach!

a) Wie wurden in diesem Term die Variablen ersetzt?

$3a - 2b + a^2$

$3 \cdot 2 - 2 \cdot 5 + 3^2$ $a = ?$ $b = ?$

b) Was ist daran falsch?

c) Welche Zahl ergibt der Term, wenn du $a = 2$ bzw. $a = 3$ und $b = 5$ wählst?

8

Rezept

Vereinfache 7 – 3 (2 – 6).

1. Klammer berechnen.	$7 - 3(2 - 6) =$ $= 7 - 3(-4)$
2. Klammer auflösen.	$7 - 3(-4) =$ $= 7 + 12$
3. Addition ausführen.	$7 + 12 = 19$
4. Ergebnis notieren:	$7 - 3(2 - 6) = 19$

Ersetze die Variablen in a (a – b) durch a = 7 und b = 2.

1. Variablen ersetzen durch $a = 7$; $b = 2$.	$a(a - b)$ $7(7 - 2)$
2. Term ausrechnen.	$7(7 - 2) =$ $= 7 \cdot 5 = 35$
3. Ergebnis:	$a(a - b)$ ergibt 35, wenn $a = 7$ und $b = 2$.

8

1.2 Rechnen mit Termen

Merke

Terme werden übersichtlicher, wenn man die Teilterme nach dem Alphabet ordnet und diejenigen mit gleichen Variablen zusammenfasst.

Klammern in Termen geben an, welche Teilterme zunächst berechnet werden sollen. Rechne stets von innen nach außen!

Merke

Für das Auflösen von Klammern gilt:

+ vor der Klammer:
Klammern werden weggelassen, ohne dass die Vorzeichen innerhalb der ursprünglichen Klammer verändert werden.

– vor der Klammer:
Jedes Vorzeichen innerhalb der ursprünglichen Klammer muss beim Auflösen der Klammer geändert werden:

+ in –
– in +

Kein Vorzeichen vor der Klammer:
Kein Vorzeichen vor der Klammer bedeutet ein Pluszeichen.

Kommen in einem Term außer runden Klammern (...) auch eckige [...] oder geschweifte {...} vor, so löst man erst die inneren Klammern auf und dann die äußeren.

Denk nach!

Aufgepasst: Klammern von Klammern!

a) $a - \{a - [a - (a + b)]\} =$

b) $a - \{a + [a - (a - b)]\} =$

c) $\{[(b - a) - a] - a\} - a =$

Rezept

Ordne und fasse zusammen:
$2b - 2c + 3a - 4b - a$.

1. Ordnen nach dem Alphabet.	$2b - 2c + 3a - 4b - a =$ $= 3a - a + 2b - 4b - 2c$
2. Zusammenfassen.	$= 2a - 2b - 2c$
3. Ergebnis:	$2b - 2c + 3a - 4b - a =$ $= 2a - 2b - 2c$

Löse die Klammern und fasse zusammen:
$5a - [3a + (7b - 4a) - (a - 3b)]$.

1. Runde Klammern lösen. Vorzeichen **vor** Klammern beachten!	$5a - [3a + (7b - 4a) - (a - 3b)] =$ $= 5a - [3a + 7b - 4a - a + 3b]$
2. Eckige Klammern lösen.	$= 5a - 3a - 7b + 4a + a - 3b$
3. Ordnen und zusammenfassen.	$= 7a - 10b$
4. Ergebnis:	$5a - [3a + (7b - 4a) - (a - 3b)] =$ $= 7a - 10b$

8

1.3 Multiplizieren und Dividieren von Termen

Merke

Beim Multiplizieren von Termen musst du häufig diese Gesetze anwenden:

Kommutativgesetz:
$a \cdot b = b \cdot a$

Assoziativgesetz:
$a \cdot (b \cdot c) = (a \cdot b) \cdot c$

Distributivgesetz:
$a \cdot (b + c) = a \cdot b + a \cdot c$

jeweils für alle a, b, $c \in \mathbb{Q}$.

Häufig lassen sich Terme, in denen Produkte oder Quotienten auftreten, weiter vereinfachen.

Merke

Beim Addieren von Produkten musst du aufpassen, weil sich nur solche Summanden zusammenfassen lassen, die die **gleichen Variablen** in der **gleichen Potenz** enthalten.

$3a^2b + 2a^2b = (3 + 2)a^2b = 5a^2b$

$3ab^2 + 2a^2b$ lässt sich nicht zusammenfassen.

Denk nach!

Wo steckt hier jeweils der Fehler?
Berichtige die Aufgaben.

a) $3x^2y - 2yx^2 + 3y^2x = 4x^2y$

b) $2a^2b - 2ba^2 + 3aba = 5a^2b$

c) Welche Terme sind jeweils gleich?

① $b \cdot a \cdot 3 \cdot b =$	② $b \cdot a \cdot a \cdot 3 =$
③ $a \cdot 3 \cdot a \cdot b =$	④ $3 \cdot b \cdot b \cdot a =$

8

Berechne $\frac{2}{3}a^2b \cdot 6ab$.

Rezept

1. Anwenden des Kommutativgesetzes.	$\frac{2}{3}a^2b \cdot 6ab =$ $= \underbrace{\frac{2}{3} \cdot 6}_{4} \cdot \underbrace{a^2 \cdot a}_{a^3} \cdot \underbrace{b \cdot b}_{b^2}$
2. Zusammenfassen.	$4 \cdot a^3 \cdot b^2$
3. Ergebnis:	$\frac{2}{3}a^2b \cdot 6ab = 4a^3b^2$

Fasse zusammen:
$4x^2 \cdot 2y - 3x \cdot 2y + 2x \cdot 3xy$.

1. Produkte ausrechnen.	$4x^2 \cdot 2y - 3x \cdot 2y + 2x \cdot 3xy =$ $= 8x^2y - 6xy + 6x^2y$
2. Ordnen.	$= \underbrace{8x^2y + 6x^2y} - 6xy$
3. Zusammenfassen.	$= \quad 14x^2y \quad - 6xy$
4. Ergebnis:	$4x^2 \cdot 2y - 3x \cdot 2y + 2x \cdot 3xy =$ $= 14x^2y - 6xy$

8

1.4 Anwenden des Distributivgesetzes

Merke

Für alle a, b, m $\in \mathbb{Q}$ gilt:

$$(a + b) \cdot m = a \cdot m + b \cdot m$$

und wenn $n \neq 0$ gilt:

$$(a + b) : n = a : n + b : n$$

andere Schreibweise:

$$(a + b) \cdot \frac{1}{n} = a \cdot \frac{1}{n} + b \cdot \frac{1}{n} = \frac{a}{n} + \frac{b}{n}$$

$$(a + b) \cdot (c + d) = a \cdot c + a \cdot d + b \cdot c + b \cdot d$$

Jeder Summand der ersten Klammer muss mit jedem Summanden der zweiten Klammer multipliziert werden.

Das Distributivgesetz verwendet man hier um Klammerausdrücke aufzulösen. Da in den Klammern nicht nur Summen, sondern auch Differenzen stehen können, musst du diese Vorzeichenregeln beachten:

Merke

+ mal + } ergibt +
− mal − } ergibt +

+ mal − } ergibt −
− mal + } ergibt −

Gedächtnishilfe: Gleiche Vorzeichen multipliziert ergibt +, ungleiche dagegen −.

Denk nach!

Fällt dir hier etwas auf?

a) $(3x - 2y) \cdot (3x + 2y) =$

b) $(3x - 2y) \cdot (3x - 2y) =$

c) $(3x + 2y) \cdot (3x + 2y) =$

8

Rezept

Löse die Klammern auf von
(25x – 20y) : 5.

1. Klammer auflösen. $(25x - 20y) : 5 =$
$= 25x : 5 - 20y : 5$

2. Divisionen ausführen. $= 5x - 4y$

3. Ergebnis: $(25x - 20y) : 5 = 5x - 4y$

Löse die Klammern auf von
(3x – 2y) · (4x – y).

1. Klammer auflösen. Vorzeichen beachten! $(3x - 2y) \cdot (4x - y) =$
$= 3x \cdot 4x - 3x \cdot y - 2y \cdot 4x + 2y \cdot y$

2. Multiplikationen ausführen. $= 12x^2 \underbrace{- 3xy - 8xy}{} + 2y^2$

3. Zusammenfassen. $= 12x^2 - 11xy + 2y^2$

4. Ergebnis: $(3x - 2y) \cdot (4x - y) =$
$= 12x^2 - 11xy + 2y^2$

8

2.1 Potenzschreibweise

Merke

Wie du weißt, kann man die **Additionsaufgaben gleicher** Summanden so als **Multiplikation** schreiben:

$$a + a + a + a = 4 \cdot a$$

Entsprechend führt die Multiplikation **gleicher Faktoren** zur **Potenzschreibweise**:

$$a \cdot a \cdot a \cdot a = a^4$$

Die Multiplikations- bzw. Potenzschreibweise verkürzt also die Schreibweise entsprechender Aufgaben.
Potenzen lassen sich natürlich wieder in Produkte rückverwandeln. Auf diese Weise kannst du Potenzen berechnen.

Denk nach!

Auch diese Additionsaufgaben lassen sich verkürzt schreiben:

a) $\frac{1}{7} + \frac{1}{7} + \frac{1}{7} =$

b) $\frac{1}{7} \cdot \frac{1}{7} \cdot \frac{1}{7} =$

c) $\frac{3}{x} + \frac{3}{x} + \frac{3}{x} + \frac{3}{x} =$

c) $\frac{3}{x} \cdot \frac{3}{x} \cdot \frac{3}{x} \cdot \frac{3}{x} =$

8

Rezept

Schreibe kürzer: xy + xy + xy + xy.

1. Wie viele gleiche Summanden besitzt die Aufgabe?	4
2. Wie lautet also die entsprechende Multiplikationsaufgabe?	$4 \cdot xy$
3. Ergebnis:	$xy + xy + xy + xy = 4xy$

Schreibe als Potenz: (xy) · (xy) · (xy) · (xy).

1. Wie viele gleiche Faktoren gibt es hier?	4
2. Notiere die Aufgabe als Potenz.	$(xy)^4$
3. Ergebnis:	$(xy) \cdot (xy) \cdot (xy) \cdot (xy) = (xy)^4$

Rechne diese Potenz aus: $(-2x)^3$.

1. Schreibe für die Potenz die entsprechende Multiplikationsaufgabe.	$(-2x) \cdot (-2x) \cdot (-2x)$
2. Rechne aus und beachte dabei das Vorzeichen.	$(-2) \cdot (-2) \cdot (-2) \cdot x \cdot x \cdot x = -8x^3$
3. Ergebnis:	$(-2x)^3 = -8x^3$

2.2 Binomische Formeln

Merke

Es gelten für diese wichtigen Spezialfälle der Multiplikationen von Klammern die Formeln

$$(a + b)^2 = a^2 + 2ab + b^2$$

$$(a - b)^2 = a^2 - 2ab + b^2$$

$$(a + b)(a - b) = a^2 - b^2$$

Sie heißen **binomische Formeln.**

Mithilfe der binomischen Formeln lassen sich bestimmte Klammerausdrücke leichter berechnen. Daher solltest du diese Formeln auswendig wissen.

Denk nach!

a) Rechne $(a + b)^2$ mithilfe der binomischen Formel aus.

b) Löse nun $(a + b)^3 = (a + b)^2 \cdot (a + b)$.
Verwende das Ergebnis von Teilaufgabe a).

c) Was ergibt sich für $(a + b)^4 = (a + b)^3 \cdot (a + b)$?

d) Hier sind die Koeffizienten (Vorzahlen) von a und b geschickt angeordnet:

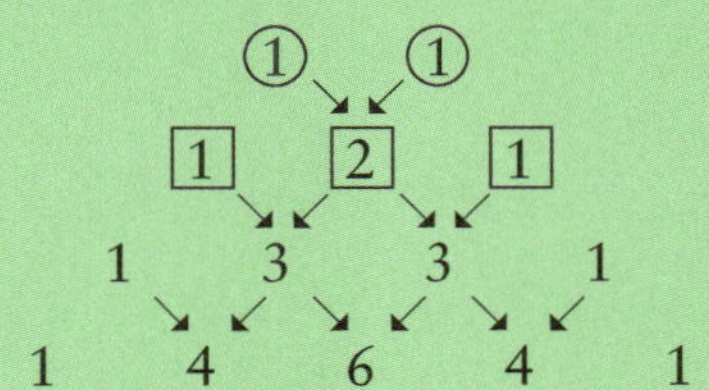

$$\textcircled{1} \cdot a + \textcircled{1} \cdot b$$

$$\boxed{1} \cdot a^2 + \boxed{2} \cdot ab + \boxed{1} \cdot b^2$$

Überprüfe mit dieser Anordnung, ob in deinen Ergebnissen die richtigen Koeffizienten stehen.

Rezept

Rechne $(2x - 5y)^2$ mithilfe der binomischen Formel aus.

1. An welche Formel musst du denken?	$(a - b)^2 = a^2 - 2ab + b^2$
2. Wie groß sind nun a und b?	$(2x - 5y)^2$ $(a - b)^2$ also $a = 2x$ und $b = 5y$
3. Übertrage die Werte in die Formel.	$a^2 - 2ab + b^2$ $(2x)^2 - 2(2x) \cdot (5y) + (5y)^2$
4. Löse die Klammern.	$4x^2 - 20xy + 25y^2$
5. Ergebnis:	$(2x - 5y)^2 = 4x^2 - 20xy + 25y^2$

Überprüfe diese Umformung: $(5x - 3y)(5x + 3y) = 25x^2 - 6y^2$.

1. An welche Formel musst du denken?	$(a - b)(a + b) = a^2 - b^2$
2. Wie groß sind hier a und b?	$(5x - 3y)(5x + 3y)$ $a = 5x \quad b = 3y$
3. Übertragen der Werte in die Formel und ausrechnen.	$a^2 - b^2$ $(5x)^2 - (3y)^2 = 25x^2 - 9y^2$
4. Ergebnis:	Die Umformung in der Aufgabe war falsch!

2.3 Faktorisieren

Merke

Oft lassen sich Terme so umformen, dass Produkte entstehen. Diese Termumformungen heißen **Faktorisieren**, da ein Produkt aus Faktoren besteht, die man hier sucht.

Die Vorgehensweisen reichen vom **einfachen Ausklammern** bis zum Anwenden einer **binomischen Formel**.

Da das Faktorisieren Terme übersichtlicher macht, solltest du diese wichtige Technik beherrschen.

Denk nach!

Beim Ausklammern können dir leicht Fehler unterlaufen. Kontrolliere daher deine Rechnung, indem du den geklammerten Ausdruck wieder ausmultiplizierst.
Wurde hier richtig gerechnet?

a) $12a^2 - 8ab = 4a(3a - 2ab)$

b) $4ab - 12ac - 3bc + 9c^2 = (4a - 3c)(b + 3c)$

c) $9x^2 - 30xy + 25y^2 = (3x - 5y)^2$

Rezept

Faktorisiere $8x^2 - 6xy$.

1. Welchen Faktor kannst du ausklammern? — $2x$
2. Welche Produkte ergeben sich? — $2x \cdot 4x - 2x \cdot 3y$
3. Ergebnis: — $8x^2 - 6xy = 2x(4 - 3y)$

Faktorisiere $8ax + 12bx - 4ay - 6by$.

1. Ordne nach gemeinsamen Variablen, die du zunächst ausklammern willst. — $\underbrace{8ax - 4ay}_{\downarrow} + \underbrace{12bx - 6by}_{\downarrow}$
2. Klammere $4a$ bzw. $6b$ aus. — $4a(2x - y) + 6b(2x - y)$
3. Klammere $(2x - y)$ aus. — $(2x - y) \cdot (4a + 6b)$
4. Ergebnis: — $8ax + 12bx - 4ay - 6by =$ $= (2x - y) \cdot (4a + 6b)$

Achtung:
Viele Terme lassen sich in mehr als einer Weise faktorisieren.

Faktorisiere $9x^2 - 12xy + 4y^2$ mithilfe einer binomischen Formel.

1. Welche binomische Formel? — $a^2 - 2ab + b^2 = (a - b)^2$
2. Ordne die Größen zu. — $9x^2 - 12xy + 4y^2$; $a = 3x$ und $b = 2y$
3. Aufstellen der Formel. — $(3x)^2 - 2 \cdot (3x)(2y) + (2y)^2$
4. Ergebnis: — $9x^2 - 12xy + 4y^2 = (3x - 2y)^2$

8

3.1 Definitionsbereich von Bruchtermen

Merke

Wenn bei Termen im Nenner Variablen auftreten, spricht man von **Bruchtermen.**

$\frac{7}{x-2}$ $\frac{2x}{3x+1}$ $\frac{a}{5-a}$

sind Bruchterme.

Ersetzt man in den Termen die Variablen durch Zahlen aus der vereinbarten Grundmenge (hier $\mathbb{Q}$), so gehen sie in Zahlen über.

Sollst du mehrere Ersetzungen vornehmen, so arbeitest du am besten in einer Tabelle.

Merke

Der **Definitionsbereich D** eines Bruchterms umfasst alle **zulässigen** Ersetzungen der Variablen aus der Grundmenge G. **Nicht zulässig** ist jede Ersetzung, die auf eine Division durch 0 führt. Solche Ersetzungen müssen ausgeschlossen werden.

Bei manchen Bruchtermen kann man nur die **Bedingungen** für die Variablen angeben, die erfüllt sein müssen, damit der Nenner nicht 0 wird, der Term also definiert ist.

Denk nach!

a) Manche Bruchterme lassen sich problemlos kürzen.
Kürze hier durch die größtmögliche Zahl:

$\frac{21x}{28y}$ $\frac{75a}{125}$ $\frac{60x^2}{90z}$

b) Beim Kürzen von Bruchtermen musst du oft auf ihre Definitionsbereiche achten. Gib von diesen Termen jeweils die Einschränkungen beim Kürzen an:

$\frac{3x^2}{7x}$ $\frac{2a^2b}{5ab}$ $\frac{2(x-2)^2}{9(x-2)}$

8

Rezept

Ersetze x in $\frac{4x}{1-x}$ durch 2 und 0.

1. $x = 2$	$\frac{4x}{1-x} \rightarrow \frac{4 \cdot 2}{1-2} = \frac{8}{-1} = -8$
2. $x = 0$	$\frac{4x}{1-x} \rightarrow \frac{4 \cdot 0}{1-0} = \frac{0}{1} = 0$

Bestimme den Definitionsbereich D von $\frac{2-x}{(x-1)(2x+3)}$ in $\mathbb{Q}$.

1. Wann wird der Nenner 0?	$(x-1) \cdot (2x-3) = 0$
2. Was bedeutet das für die beiden Faktoren des Nenners?	$(x-1) = 0$ oder $(2x-3) = 0$
3. Für welche x-Werte werden die Faktoren 0?	$x - 1 = 0 \rightarrow x = 1$ $2x - 3 = 0 \rightarrow x = \frac{3}{2}$
4. Welche Werte müssen ausgeschlossen werden?	$x = 1$ und $x = \frac{3}{2}$
5. Wie lautet also der Definitionsbereich?	$D = \mathbb{Q} \setminus \{1; \frac{3}{2}\}$

Durch welche Bedinungen wird D in $\mathbb{Q}$ von $\frac{2x-y}{3xy}$ eingeschränkt?

1. Was muss für den Nenner gelten?	$3xy \neq 0$
2. Was folgt daraus für die Variablen x und y?	$x \neq 0 \wedge y \neq 0$
3. Ergebnis:	$\frac{2x-y}{3xy}$ ist nur dann definiert, wenn x und y beide ungleich 0 sind.

Ermittle D in $\mathbb{Q}$ von $\frac{5x-2}{2x-y}$.

1. Was muss für den Nenner gelten?	$2x - y \neq 0$
2. Was folgt daraus für die Variablen x und y?	$2x \neq y$
3. Durch welche Bedingung wird also D eingeschränkt?	Alle x, y sind ausgeschlossen, für die $2x = y$ gilt.

8

4. Überprüfe ob x = 2 und y = 4 zulässig sind.

$2x = y$
$x = 2$ und $y = 4$
$2 \cdot 2 = 4$

5. Ergebnis:

Für x = 2 und y = 4 ist $\frac{5x-2}{2x-y}$ **nicht** definiert, weil $2x \neq y$ **nicht** erfüllt ist.

6. Überprüfe, ob x = 2 und y = 3 zulässig sind.

$2x = y$
$x = 2$ und $y = 3$
$2 \cdot 2 \neq 3$

7. Ergebnis:

Für x = 2 und y = 3 ist $\frac{5x-2}{2x-y}$ definiert, weil $2x \neq y$ erfüllt ist.

Rezept

8

3.2 Multiplizieren und Dividieren von Bruchtermen

Merke

Beim Multiplizieren und Dividieren von Bruchtermen musst du an die entsprechenden Gesetze der Bruchrechnung denken:

Multiplikation

Zähler mal Zähler durch Nenner mal Nenner:

$$\frac{2}{3} \cdot \frac{5}{7} = \frac{2 \cdot 5}{3 \cdot 7}$$

Division

Ersten Bruch mit dem Kehrwert des zweiten Bruchs malnehmen:

$$\frac{2}{3} : \frac{5}{7} = \frac{2}{3} \cdot \frac{7}{5} = \frac{2 \cdot 7}{3 \cdot 5}$$

Beim Rechnen mit Bruchtermen musst du natürlich die Definitionsbereiche der einzelnen Terme beachten.

Denk nach!

Rechnungen solltest du auf ihre Richtigkeit überprüfen. Es gilt auch hier der Satz: Vertrauen ist gut – Kontrolle ist besser.
So kannst du eine Multiplikation überprüfen:

$$\frac{2}{3} \cdot \frac{4}{5} = \frac{8}{15} \qquad \frac{8}{15} : \frac{4}{5} = \frac{2}{3}$$

Überprüfe ebenso:

a) $\frac{2b}{5c} \cdot \frac{4ac}{5b^2} = \frac{8a}{15b}$

b) $\frac{5a}{4bc^2} \cdot \frac{6c^2}{10a^2b} = \frac{3}{4ab^2}$

Welche Aufgabe ist falsch? Berichtige sie. Gib jeweils die Einschränkungen für die Definitionsbereiche an!

8

Rechne $\frac{3a}{5bc} \cdot \frac{4ab}{9c}$ für $b \neq 0 \wedge c \neq 0$.

Rezept

1. Auf gemeinsamen Bruchstrich bringen. — $\frac{3a \cdot 4ab}{5bc \cdot 9c}$
2. Kürzen. — $\frac{\not{3}a \cdot 4a\not{b}}{5\not{b}c \cdot \not{9}_{3}c}$
3. Ausmultiplizieren. — $\frac{4a^2}{15c^2}$
4. Ergebnis: — $\frac{3a}{5bc} \cdot \frac{4ab}{9c} = \frac{4a^2}{15c^2}$

Rechne $\frac{3a}{8b} : \frac{9c}{4ab}$ für $a \neq 0 \wedge b \neq 0$.

1. Vom zweiten Bruch Kehrwert bilden. — $\frac{4ab}{9c}$ → nur möglich, wenn $c \neq 0$
2. Multiplikationsaufgabe notieren. — $\frac{3a}{8b} \cdot \frac{4ab}{9c}$
3. Gemeinsamen Bruchstrich schreiben und kürzen. — $\frac{\not{3}a \cdot \not{4}a\not{b}}{{}_{2}\not{8}\not{b} \cdot \not{9}_{3}c}$
4. Ausmultiplizieren. — $\frac{a^2}{6c}$
5. Ergebnis: — $\frac{3a}{8b} : \frac{9c}{4ab} = \frac{a^2}{6c}$ für $a \neq 0 \wedge b \neq 0 \wedge c \neq 0$

8

3.3 Addieren und Subtrahieren von Bruchtermen

Merke

Auch beim Addieren und Subtrahieren von Bruchtermen benutzt du die Gesetze der Bruchrechnung.

Gleichnamige Brüche
Zähler addieren bzw. subtrahieren, Nenner beibehalten.

$$\frac{2}{7} + \frac{5}{7} - \frac{3}{7} = \frac{2+5-3}{7} = \frac{4}{7}$$

Ungleichnamige Brüche
Hauptnenner bestimmen und die Brüche gleichnamig machen, dann Zähler addieren bzw. subtrahieren und Nenner beibehalten.

$$\frac{2}{3} - \frac{1}{4} + \frac{5}{12} \qquad \text{Hauptnenner: } 12$$

$$\frac{8}{12} - \frac{3}{12} + \frac{5}{12} = \frac{8-3+5}{12} = \frac{10}{12} = \frac{5}{6}$$

Beim Rechnen mit Bruchtermen musst du wieder die Definitionsbereiche der einzelnen Terme beachten, denn kein Nenner darf 0 sein oder werden.

Denk nach!

Additionen lassen sich durch Subtraktionen und umgekehrt kontrollieren.
Bilde zu jeder dieser Aufgaben die Kontrollaufgabe und rechne sie.

a) $\frac{3}{2x-y} + \frac{5}{2x+5} = \frac{16x-8y}{(2x-y)(2x+5)}$

b) $\frac{4x}{3y} - \frac{7y}{x-y} = \frac{4x^2-3y-21y^2}{3y(x-y)}$

Welche Aufgabe ist falsch? Rechne sie richtig. Gib jeweils die Einschränkungen der Definitionsbereiche an.

8

Rechne $\frac{3}{4a} - \frac{5}{6b} + \frac{2}{3b^2}$
mit $a \neq 0 \wedge b \neq 0$.

1. Wie heißt der Hauptnenner?

$12ab^2$

2. Bruchterme gleichnamig machen durch Erweitern.

$$\frac{3 \cdot 3b^2}{4a \cdot 3b^2} - \frac{5 \cdot 2ab}{6b \cdot 2ab} + \frac{2 \cdot 4a}{3b^2 \cdot 4a}$$

$12ab^2 : 4a = 3b^2$

$12ab^2 : 6b = 2ab$

$12ab^2 : 3b^2 = 4a$

3. Gemeinsamen Bruchstrich schreiben und ausrechnen.

$$\frac{9b^2 - 10ab + 8a}{12ab^2}$$

4. Ergebnis:

$$\frac{3}{4a} - \frac{5}{6b} + \frac{2}{3b^2} = \frac{9b^2 - 10ab + 8a}{12ab^2}$$

mit $a \neq 0 \wedge b \neq 0$

Rechne $\frac{3}{4a} - \frac{5b}{2(a-b)}$
mit $a \neq 0 \wedge a \neq b$.

1. Wie heißt der Hauptnenner?

$4a(a-b)$

2. Bruchterme gleichnamig machen durch Erweitern.

$$\frac{3 \cdot (a-b)}{4a \cdot (a-b)} - \frac{5b \cdot 2a}{2(a-b) \cdot 2a}$$

$4a(a-b) : 4a = a - b$

$4a(a-b) : 2(a-b) = 2a$

3. Gemeinsamen Bruchstrich schreiben und ausrechnen.

$$\frac{3(a-b) - 10ab}{4a(a-b)}$$

4. Ergebnis:

$$\frac{3}{4a} - \frac{5b}{2(a-b)} = \frac{3(a-b) - 10ab}{4a(a-b)}$$

mit $a \neq 0 \wedge a \neq b$

Rezept

8

4.1 Aussagen und Aussageformen

Merke

Von **Aussagen** lässt sich feststellen, ob sie wahr oder falsch sind.
So ist z. B. $3 + 2 > 7$ eine falsche Aussage.

Aussageformen besitzen Variablen. Sie gehen durch Ersetzen der Variablen durch Zahlen aus der Grundmenge in Aussagen über.
$x + 2 = 5$ ist also eine Aussageform.
Ersetzt man $x = 3$, so geht sie in die wahre Aussage
$3 + 2 = 5$ über.

Beim Umgehen mit Gleichungen und Ungleichungen begegnen dir ständig Aussagen und Aussageformen. Sie sind von großer Bedeutung für die Algebra.

Denk nach!

a) Suche aus diesen Sätzen die Aussagen heraus und gib an, welche wahr und welche falsch sind.

① Auf der Erde gibt es Wasser.

② Auf dem Planet Saturn gibt es Wasser.

③ Basler ist Deutschlands bester Fußballspieler.

④ Ulm besitzt den höchsten Kirchturm in der Bundesrepublik.

b) Von welchen dieser Sätze weiß man nicht, ob sie wahr oder falsch sind? Sind solche Sätze Aussagen?

Rezept

Ist $x - 7 < 10$ eine Aussage?

1. Kommt in dem Ausdruck eine Variable vor?	ja
2. Kann der Ausdruck also eine Aussage sein?	nein
3. Ergebnis:	$x - 7 < 10$ ist keine Aussage, sondern eine Aussageform.

Welche der Aussagen $5 - 2 > 2$ und $5 - 2 < 2$ ist falsch?

1. Vereinfache $5 - 2 > 2$.	$5 - 2 > 2$ $3 > 2$
2. Ist die Beziehung $3 > 2$ wahr oder falsch?	wahr
3. Vereinfache $5 - 2 < 2$.	$5 - 2 < 2$ $3 < 2$
4. Ist die Beziehung $3 < 2$ wahr oder falsch?	falsch
5. Ergebnis:	Die Aussage $5 - 2 < 2$ ist falsch.

4.2 Grundmengen – Lösungsmengen

Merke

Die Zahlen, die man in eine Aussageform einsetzen darf, bilden die Grundmenge G. Alle Ersetzungen, die die Aussageform in eine wahre (richtige) Aussage überführen, heißen **Lösungen**. Sämtliche Lösungen bilden jeweils die **Lösungsmenge L** der betreffenden Aussageform.

Eine wichtige Aufgabe der Algebra ist es, von Gleichungen und Ungleichungen die Lösungsmenge zu bestimmen.
Hier in diesem Kapitel sollst du die Lösungen durch **probierendes Einsetzen** finden. Später lernst du dann elegantere Lösungsverfahren, mit deren Hilfe du die Lösungen **berechnen** kannst.

Merke

Die Ungleichung $x + 3 < 6$ hat in $G = \mathbb{N}$ die Lösungsmenge $L = \{0, 1, 2\}$.
Diese Schreibweise der Lösungsmenge heißt **aufzählend**, weil alle Lösungen wirklich aufgezählt werden.
Da es viele Ungleichungen gibt, die unendlich viele Lösungen besitzen, die man daher nicht alle aufzählen kann, gibt es die **beschreibende Form** der Lösungsmenge.
So besitzt $x > 3$ in $G = \mathbb{N}$ unendlich viele Lösungen:

$$L = \{4, 5, 6, \ldots\}$$

Man schreibt

$$L = \{x \in \mathbb{N} \mid x > 3\}$$

und liest:

„Die Lösungsmenge L umfasst alle x aus $\mathbb{N}$, für die $x > 3$ gilt."

8

Denk nach!

Für jede Menge kann man ein Oval zeichnen. In welchem der drei Mengenbilder wird der Zusammenhang zwischen Grundmenge G und Lösungsmenge L richtig dargestellt?

a) 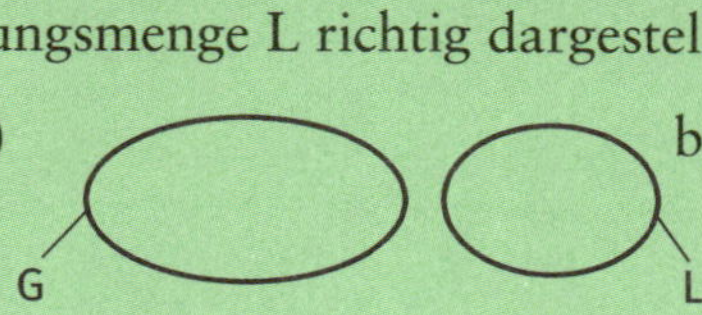

b) 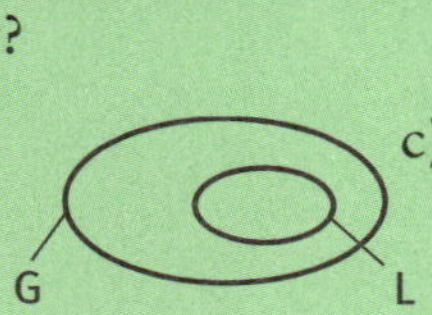

c) 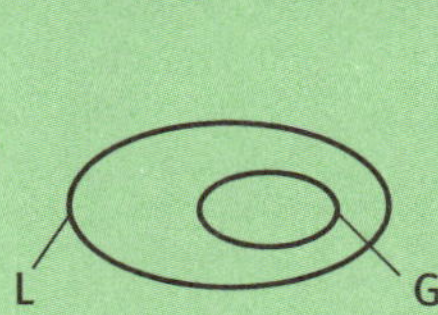

Bestimme die Lösungsmenge von $x + 2 < 4$ in $G = \mathbb{N}$.

Rezept

1. Notiere $\mathbb{N}$.	$\mathbb{N} = \{0, 1, 2, \dots\}$
2. Setze $x = 0$ ein.	$x + 2 < 4 \rightarrow 0 + 2 < 4 \rightarrow 2 < 4$
3. Ist die Aussage richtig? Ist also $x = 0$ Lösung?	ja
4. Setze $x = 1$ ein.	$x + 2 < 4 \rightarrow 1 + 2 < 4 \rightarrow 3 < 4$
5. Ist die Aussage richtig? Ist also $x = 1$ Lösung?	ja
6. Setze $x = 2$ ein.	$x + 2 < 4 \rightarrow 2 + 2 < 4 \rightarrow 4 < 4$
7. Ist die Aussage richtig? Ist also $x = 2$ Lösung?	nein
8. Gilt dies auch für $x = 3, 4, \dots$?	Ja, denn alle weiteren Ersetzungen ergeben nur noch falsche Aussagen.
9. Ergebnis:	$x + 2 < 4$ besitzt in $\mathbb{N}$ die Lösungsmenge $L = \{0, 1\}$.

8

Bestimme die Lösungsmenge von $x - 1 = 1$ in G = IN.

1. Setze $x = 0$ ein und gib an, ob $x = 0$ Lösung ist.	$x - 1 = 1 \rightarrow 0 - 1 = 1 \rightarrow -1 = 1$ Falsche Aussage, also $x = 0$ keine Lösung.
2. Setze $x = 1$ ein und gib an, ob $x = 1$ Lösung ist.	$x - 1 = 1 \rightarrow 1 - 1 = 1 \rightarrow 0 = 1$ Falsche Aussage, also $x = 1$ keine Lösung.
3. Setze $x = 2$ ein und gib an, ob $x = 2$ Lösung ist.	$x - 1 = 1 \rightarrow 2 - 1 = 1 \rightarrow 1 = 1$ **Richtige** Aussage, also ist $x = 2$ Lösung.
4. Setze $x = 3$ ein und gib an, ob $x = 3$ Lösung ist.	$x - 1 = 1 \rightarrow 3 - 1 = 1 \rightarrow 2 = 1$ Falsche Aussage, also ist $x = 3$ keine Lösung.
5. Ergeben weitere Ersetzungen richtige Aussagen?	Nein, weil die linke Seite der Gleichung ständig weiter wächst.
6. Ergebnis:	Die Lösungsmenge L der Gleichung $x - 1 = 1$ in G = IN heißt $L = \{2\}$.

Notiere die Lösungsmenge von $x > 3$ in G = IN beschreibend.

1. Notiere IN.	$\mathbb{N} = \{0, 1, 2, 3, 4, \ldots\}$
2. Welches ist die erste Zahl, die größer als 3 ist?	$x = 4$
3. Notiere L aufzählend.	$L = \{4, 5, 6, \ldots\}$
4. Notiere L beschreibend.	$L = \{x \in \mathbb{N} \mid x > 3\}$
5. Ergebnis:	$x > 3$ besitzt in IN die Lösungsmenge $L = \{x \in \mathbb{N} \mid x > 3\}$.

4.3 Schnittmengen

Merke

Viele Ungleichungen sind eine Kombination aus Ungleichung mit entsprechender Gleichung. So bedeutet $x \leqq 5$: alle $x < 5$ **oder** $x = 5$ und entsprechend $x \geqq 7$: alle $x > 7$ **oder** $x = 7$.

Ermittelst du die Lösungsmenge solcher Ungleichungen, so ist das problemlos, weil durch die entsprechende Gleichung höchstens eine Lösung zur Lösungsmenge hinzugefügt wird.

Merke

Besitzen zwei Ungleichungen die Lösungsmengen L_1 bzw. L_2, so sind die **gemeinsamen Lösungen** beider Ungleichungen die Zahlen, die sich in L_1 **und** L_2 befinden. Sie liegen dann in der **Schnittmenge.**

$L = L_1 \cap L_2$ gelesen: „L_1 geschnitten mit L_2"

Da sich Lösungsmengen auch auf der Zahlengeraden zeichnen lassen, kannst du die Schnittmenge grafisch darstellen.
Dabei verwendet man für die Elemente aus $G = \mathbb{N}$ Punkte und für die Lösungsmenge aus $G = \mathbb{Q}$ Strahlen, weil sich hier ihre Lösungsmengen meist nicht mehr aufzählend beschreiben lassen.

Denk nach!

Zeichnet man für die beiden Lösungsmengen L_1 und L_2 Ovale, so können sie so liegen:

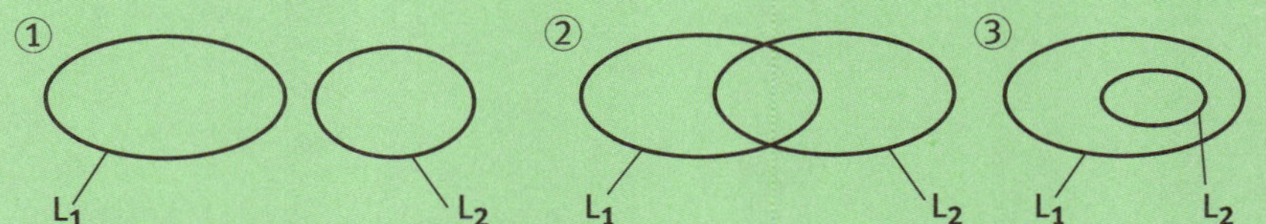

a) Schraffiere jeweils die Schnittmenge.

b) In welcher Abbildung gibt es keine gemeinsame Lösung?

c) In welcher Abbildung sind **alle** Lösungen einer Lösungsmenge gemeinsame Lösungen?

8

Rezept

Bestimme L von $x \geqq 3$ in $G = \mathbb{N}$.

1. Was bedeutet $x \geqq 3$?	$x = 3$ oder $x > 3$
2. Welche Lösungsmenge besitzt $x = 3$ in $\mathbb{N}$?	$L_1 = \{3\}$
3. Welche Lösungsmenge hat $x > 3$?	$L_2 = \{4, 5, \ldots\}$
4. Wie groß ist demnach L von $x \geqq 3$?	$L = \{\boxed{3}, \boxed{4, 5, \ldots}\}$ ↑ $x = 3$ $x > 3$
5. Notiere L beschreibend.	$L = \{x \in \mathbb{N} \mid x \geqq 3\}$
6. Ergebnis:	$x \geqq 3$ besitzt in $\mathbb{N}$ die Lösungsmenge $L = \{x \in \mathbb{N} \mid x \geqq 3\}$

Bestimme von $x \leqq 4$ und $x \geqq 1$ die gemeinsamen Lösungen in $\mathbb{N}$.

1. Lösungsmenge L_1 von $x \leqq 4$ in $\mathbb{N}$.	$L_1 = \{0, 1, 2, 3, 4\}$
2. Lösungsmenge L_2 von $x \geqq 1$ in $\mathbb{N}$.	$L_2 = \{1, 2, 3, 4, 5, \ldots\}$
3. Schnittmenge $L_1 \cap L_2 = L$ (die gemeinsamen Lösungen).	$L = L_1 \cap L_2 = \{1, 2, 3, 4\}$
4. Notieren aller Lösungsmengen beschreibend.	$L_1 = \{x \in \mathbb{N} \mid x \leqq 4\}$ $L_2 = \{x \in \mathbb{N} \mid x \geqq 1\}$ $L = \{x \in \mathbb{N} \mid x \leqq 4 \land x \geqq 1\}$
5. Ergebnis:	Die gemeinsamen Lösungen von $x \leqq 4$ und $x \geqq 1$ sind $L = \{1, 2, 3, 4\}$ bzw. $L = \{x \in \mathbb{N} \mid x \leqq 4 \land x \geqq 1\}$

Ermittle die Menge der gemeinsamen Lösungen von $x \leqq 4$ und $x \geqq 2$ in $\mathbb{Q}$ zeichnerisch.

Rezept

1. Bestimme L_1 von $x \leqq 4$.

$L_1 = \{x \in \mathbb{Q} \mid x \leqq 4\}$

2. Wie heißt L_2 von $x \geqq 2$?

$L_2 = \{x \in \mathbb{Q} \mid x \geqq 2\}$

3. Zeichne eine Zahlengerade und trage L_1 und L_2 ein.

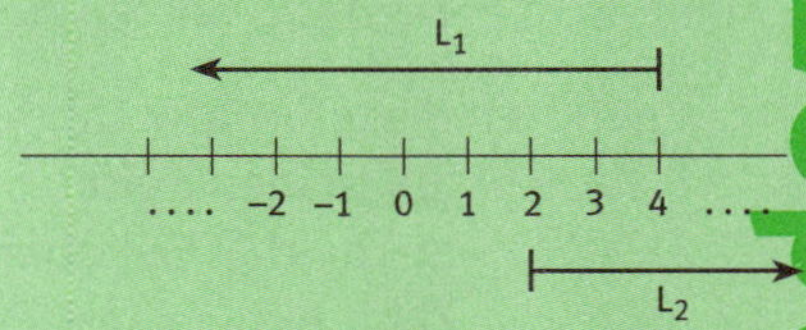

4. Kennzeichne L.

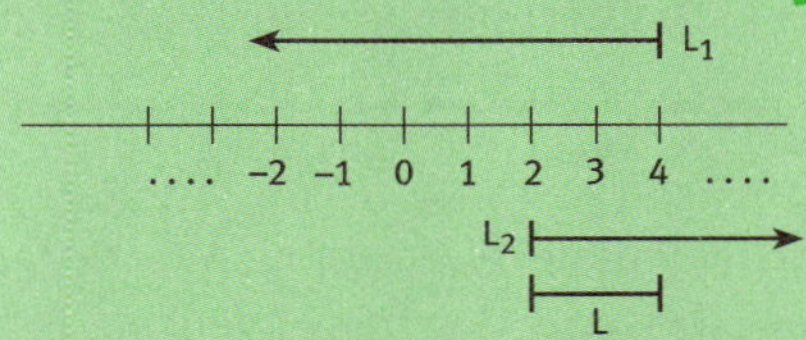

5. Ergebnis:

$L = \{x \in \mathbb{Q} \mid x \leqq 4 \wedge x \geqq 2\}$ oder
$L = \{2, 3, 4\}$

8

5.1 Äquivalenzumformungen von Gleichungen

Merke

Umformungen von Gleichungen, die die Lösungsmenge der Ausgangsgleichung nicht verändern, heißen **Äquivalenzumformungen**.

Dazu gehören diese Umformungen:

1. +, − auf beiden Seiten mit beliebigen gleichen Termen
2. ·, : auf beiden Seiten mit den gleichen positiven oder negativen Zahlen
3. Vertauschen beider Seiten.

Äquivalenzumformungen haben das Ziel, die gegebene Gleichung so umzuformen, dass aus der Endgleichung ihre Lösungsmenge direkt ablesbar ist.

Denk nach!

a) Überprüfe diese Umformungen. Sind dies alle Äquivalenzumformungen? In welcher Zeile steckt ein Fehler?

$$2x - 12 = 9 - 5x \qquad G = \mathbb{Q}$$
$$2x - 12 - 5x = 9$$
$$-3x = 9 + 12$$
$$-3x = 21$$
$$x = -7$$
$$L = \{-7\}$$

b) Überprüfe die Rechnung durch Einsetzen. Was stellst du fest?

c) Rechne richtig.

8

Bestimme die Lösungsmenge von $3x - 7 = 8 - 2x$ in $G = \mathbb{Q}$.

Rezept

1. x-Werte auf eine Seite bringen, also auf beiden Seiten (+ 2x).	$3x - 7 = 8 - 2x$ $3x - 7 \; (+2x) = 8 - 2x \; (+2x)$ $5x - 7 = 8$
2. Zahlenwerte auf eine Seite bringen, also auf beiden Seiten (+ 7).	$5x - 7 \; (+7) = 8 \; (+7)$ $5x = 15$
3. x ausrechnen, also auf beiden Seiten (:5).	$5x \; (:5) = 15 \; (:5)$ $x = 3$
4. Lösungsmenge notieren:	$L = \{3\}$

8

5.2 Überprüfen der Lösungen von Gleichungen

Merke

Überprüfe jede gelöste Aufgabe, indem du für x in die Ausgangsgleichung den ermittelten Wert einsetzt.
Ergibt sich eine **wahre Aussage** wie $3 = 3$ oder $-5 = -5$ usw., so ist die **Lösung richtig**.

Denk nach!

Welches dieser Ergebnisse ist richtig für die Gleichung
$$2x - 8 = 7 - 3x?$$

a) $x = -3$ b) $x = 3$

8

Überprüfe, ob $x = 6$ Lösung von $6 + 5x = 2x - 12$ ist.

Rezept

1. Für x den Wert $\boxed{6}$ einsetzen.

$$6 + 5x = 2x - 12$$
$$6 + 5 \cdot \boxed{6} = 2 \cdot \boxed{6} - 12$$

2. Ausrechnen.

$$6 + 30 = 12 - 12$$
$$36 = 0$$

3. Beurteilen des Ergebnisses.

$36 = 0$ ist eine falsche Aussage.

4. Ergebnis:

$x = 6$ kann **nicht** Lösung von $6 + 5x = 2x - 12$ sein.

Überprüfe, ob $x = -6$ Lösung von $6 + 5x = 2x - 12$ ist.

1. Für x den Wert $\boxed{-6}$ einsetzen.

$$6 + 5x = 2x - 12$$
$$6 + 5 \cdot \boxed{-6} = 2 \cdot \boxed{-6} - 12$$

2. Ausrechnen.

$$6 - 30 = -12 - 12$$
$$-24 = -24$$

3. Ist die Aussage richtig?

ja

4. Ergebnis:

$x = -6$ ist Lösung von $6 + 5x = 2x - 12$.

5.3 Äquivalenzumformungen von Ungleichungen

Merke

Diese Äquivalenzumformungen von Ungleichungen musst du kennen:
1. +, – auf beiden Seiten mit beliebigen gleichen Termen
2. ·, : auf beiden Seiten mit gleichen **positiven** Zahlen
3. ·, : auf beiden Seiten mit gleichen **negativen** Zahlen **nur** dann, wenn gleichzeitig $<$ in $>$ und umgekehrt $>$ in $<$ getauscht wird.
4. Vertauschen beider Seiten, wenn gleichzeitig $<$ in $>$ und umgekehrt $>$ in $<$ getauscht wird.

Formst du Ungleichungen um, musst du immer darauf achten, in welchen Fällen sich diese Umformungen von denen für Gleichungen unterscheiden.

Denk nach!

a) Überprüfe diese Umformungsschritte. In welcher Zeile steckt ein Fehler?

$4x - 5 > 5x - 1$ für $G = \mathbb{Q}$

$-x - 5 > -1$

$x + 5 > 1$

$x > -4$

b) Rechne richtig.

8

Welche Lösungsmenge besitzt
$6x - 7 > 7x + 15$ in $\mathbb{Q}$?

Rezept

1. x-Werte auf eine Seite bringen, also auf beiden Seiten $(-7x)$.

$$6x - 7 > 6x + 15$$
$$6x - 7 \; (-7x) > 7x + 15 \; (-7x)$$
$$-x - 7 > 15$$

2. Zahlen auf die andere Seite bringen, also auf beiden Seiten $(+7)$.

$$-x - 7 \; (+7) > 15 \; (+7)$$
$$-x > 22$$

3. x ausrechnen. Dazu auf beiden Seiten mit (-1) malnehmen.
   Achtung: > in < tauschen!

$$(-x) \cdot (-1) < 22 \cdot (-1)$$
$$x < -22$$

4. Lösungsmenge notieren:

$$L = \{x \in \mathbb{Q} \mid x < -22\}$$

5.4 Anwendung der Äquivalenzumformungen

Merke

In vielen Gleichungen und Ungleichungen kommen Klammern vor. Beim Auflösen der Klammern musst du auf die Vorzeichen achten:
Pluszeichen oder positiver Faktor vor der Klammer bedeutet, alle Vorzeichen bleiben erhalten.
Minuszeichen oder negativer Faktor vor der Klammer bedeutet, Pluszeichen in Minuszeichen und umgekehrt Minuszeichen in Pluszeichen ändern.
Befinden sich innerhalb der Klammer weitere Klammern, so rechnet man von innen nach außen.

Beim Arbeiten mit Klammern gibt es also **keinen** Unterschied zwischen Gleichungen und Ungleichungen.

Merke

Brüche in Gleichungen und Ungleichungen erschweren das Auflösen. Sie lassen sich durch Multiplikation mit einem geeigneten Faktor (Hauptnenner) problemlos beseitigen.

Denk nach!

Wo steckt hier jeweils der Fehler?

a)
$$\begin{aligned} 3x - [4 - (x - 8)] &= 5x + 6 \\ 3x - [4 + x - 8] &= 5x + 6 \\ 3x - 4 - x - 8 &= 5x + 6 \\ -3x &= 2 \\ x &= -\frac{2}{3} \end{aligned}$$

b)
$$\begin{aligned} \frac{3}{4}x - 2 &= \frac{2}{3}x + 1 \\ 9x - 24 &= 8x + 1 \\ x &= 25 \end{aligned}$$

Löse die Aufgaben richtig.

8

Löse
$2(4x + 3) < 8 - [2x - 3(2x + 1)]$
in $G = \mathbb{Q}$.

Rezept

1. Runde Klammern lösen.
$$2(4x + 3) < 8 - [2x - 3(2x + 1)]$$
$$8x + 6 < 8 - [2x - 6x - 3]$$

2. Eckige Klammern lösen.
$$8x + 6 < 8 - 2x + 6x + 3$$

3. Zusammenfassen.
$$8x + 6 < 4x + 11$$

4. x-Werte auf eine Seite bringen, also auf beiden Seiten $(-4x)$.
$$8x + 6 - 4x < 4x + 11 - 4x$$
$$4x + 6 < 11$$

5. Zahlen auf die andere Seite bringen, also auf beiden Seiten (-6).
$$4x + 6 - 6 < 11 - 6$$
$$4x < 5$$

6. Nach x auflösen, also auf beiden Seiten $(:4)$.
$$4x : 4 < 5 : 4$$
$$x < \frac{5}{4}$$

7. Lösungsmenge:
$$L = \{x \in \mathbb{Q} \mid x < \frac{5}{4}\}$$

Löse $\frac{3}{4}x - \frac{1}{2} = 2x - 1$ in $G = \mathbb{Q}$.

1. Hauptnenner der Brüche bestimmen.
$$\frac{3}{4} \text{ und } \frac{1}{2} \rightarrow \frac{}{4}$$

2. Mit Hauptnenner (4) multiplizieren.
$$\frac{3}{4}x \cdot 4 - \frac{1}{2} \cdot 4 = 2x \cdot 4 - 1 \cdot 4$$
$$3x - 2 = 8x - 4$$

3. x-Werte auf eine Seite bringen.
$$3x - 2 - 8x = 8x - 4 - 8x$$
$$-5x - 2 = -4$$

4. Zahlen auf die andere Seite bringen.
$$-5x - 2 + 2 = -4 + 2$$
$$-5x = -2$$

5. Beide Seiten durch (-5) teilen.
$$-5x : (-5) = -2 : (-5)$$
$$x = \frac{2}{5}$$

6. Lösungsmenge:
$$L = \left\{\frac{2}{5}\right\}$$

8

6.1 Verbindungsmengen

Merke

Die **Verbindungsmenge** $A \times B$ enthält alle geordneten Paare, die sich aus den Elementen der Mengen A und B bilden lassen. Bei **geordneten Paaren** kommt es auf die Reihenfolge der Partner eines Paares an: Der erste Partner stammt immer aus A, der zweite aus B.
Ist $a \in A$ und $b \in B$, so ist (a; b) ein solches geordnetes Paar:
$(a, b) \in A \times B$

Denk nach!

a) Lukas, Timo und Marc wollen ein Tischtennis-Turnier austragen. Wie viele Spiele müssen sie ausführen, wenn jeder gegen jeden spielt mit Hin- und Rückspiel? Trage die möglichen Paarungen als Pfeile ein:

L T M

L T M

b) Schreibe alle Spiele auch als geordnete Paare auf.

c) Welche Paare fehlen, die zur Verbindungsmenge gehören?

Rezept

Bilde die Verbindungsmenge aus A = {1, 2, 3} und B = {a, b} und zeichne ein Pfeilbild.

1. Zeichne zu jeder Menge ein Oval.

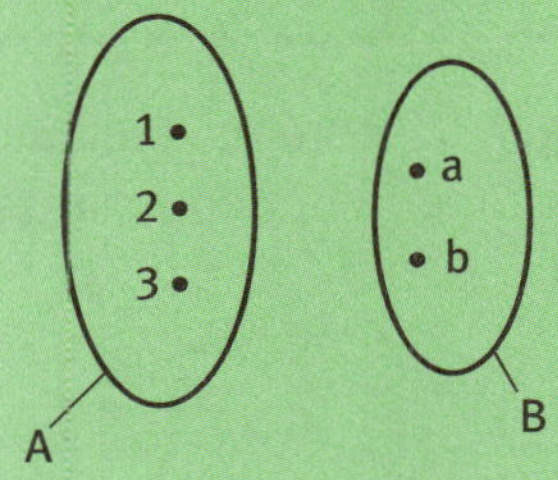

2. Trage alle Pfeile ein, sodass jedes Element der Menge A mit einem von B verbunden ist.

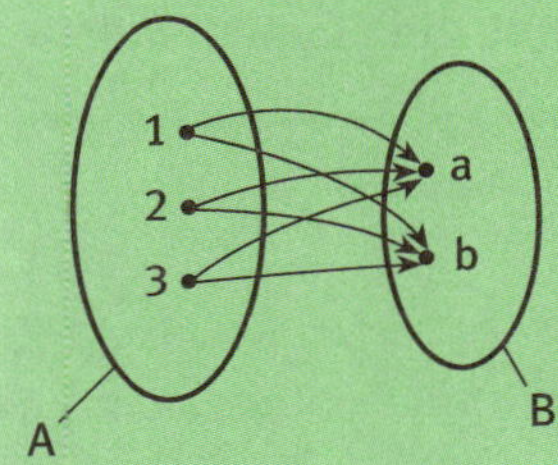

3. Jeder Pfeil kennzeichnet ein geordnetes Paar der Verbindungsmenge. Schreibe alle Paare auf.

$A \times B = \{(1, a); (1, b); (2, a); (2, b); (3, a); (3, b)\}$

6.2 Zuordnungen

Merke

Zuordnungen beschreibt man häufig mithilfe von Pfeilbildern.
Ist dabei a zugeordnet zu b, so zeichnet man zwischen diesen Elementen einen Pfeil.

a ist zugeordnet zu b

(a, b) ist dann ein Element dieser Zuordnung.

Denk nach!

Im Gruppenraum haben sich die Schüler umgesetzt.

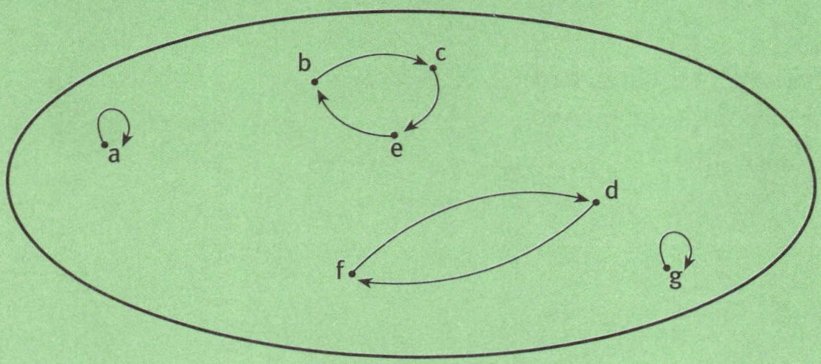

Die Pfeile in diesem Pfeilbild zeigen, wohin sich die Schüler jeweils gesetzt haben, z. B. b nach c.

a) Wer hat den Platz nicht gewechselt?

b) Welche Schüler haben die Plätze nur getauscht?

8

Rezept

Lege ein Pfeilbild an für die Zuordnung „x wohnt in y“, wenn die Schüler a, b in dem Ort A; c, d, e in Ort B und f in C wohnen.

1. Zeichne zwei Mengenbilder und trage die gegebenen Schüler bzw. Orte ein.

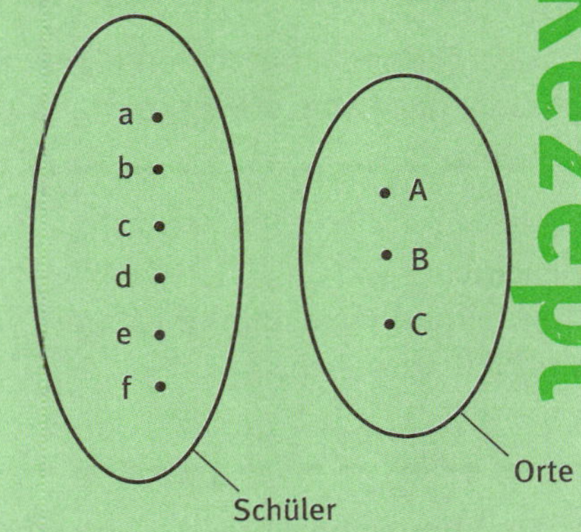

2. Zeichne die Pfeile ein, die von den einzelnen Schülern zu den entsprechenden Orten weisen.

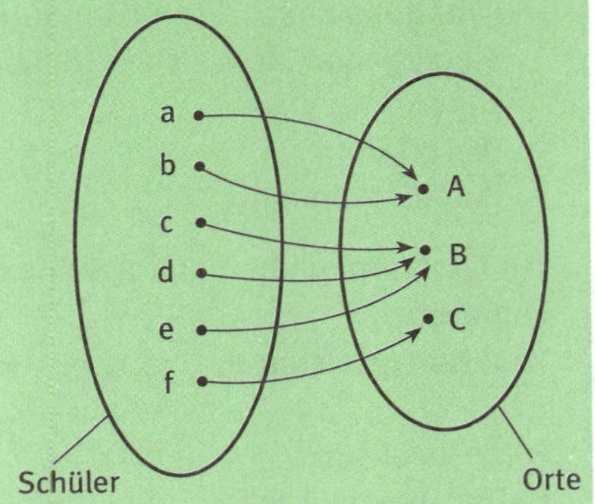

6.3 Funktionen

Merke

Zuordnungen, bei denen **jedem** Element der ersten Menge **genau ein** Element der zweiten Menge zugeordnet ist, heißen **Funktionen**.

Beachte:
Im Pfeilbild einer **Funktion** muss von **jedem** Element der ersten Menge **genau ein** Pfeil ausgehen.

Merke

Funktionen beschreibt man mithilfe von
- Funktionsvorschriften (Funktion)
  Sie geben an, in welcher Weise die Werte einander zugeordnet werden sollen.
- Wertetafeln
- Pfeildiagrammen

Für Funktionen hat man folgende Bezeichnungen vereinbart:

Funktion:	$f: x \mapsto 5 \cdot x$
Funktionsgleichung:	$f(x) = 5 \cdot x$ oder $y = 5 \cdot x$
Funktionsterm:	$5 \cdot x$
Definitionsmenge D:	Sie umfasst die Menge aller Zahlen, die für x eingesetzt werden dürfen (hier $D = \mathbb{Q}$).
Wertemenge W: (Zielmenge)	Die Menge aller Funktionswerte, die den $x \in D$ zugeordnet sind (hier $W = \mathbb{Q}$).

8

Denk nach!

a) Jeder der Zahlen 0, 1, 2, 3 und 4 soll die Zahl 10 zugeordnet werden. Ist diese Zuordnung eine Funktion? Begründe deine Meinung.

b) Ist diese Zuordnung eine Funktion? Der Zahl 0 soll die 0 zugeordnet werden, der 1 aber +1 und −1, der 2 ebenso +2 und −2, der Zahl 3 entsprechend +3 und −3. Begründe deine Meinung.

Welches dieser Pfeilbilder stellt eine Funktion dar?

①

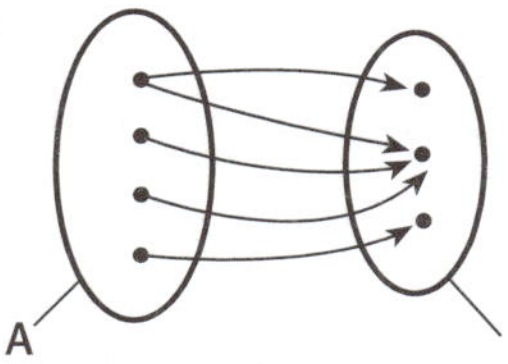

②

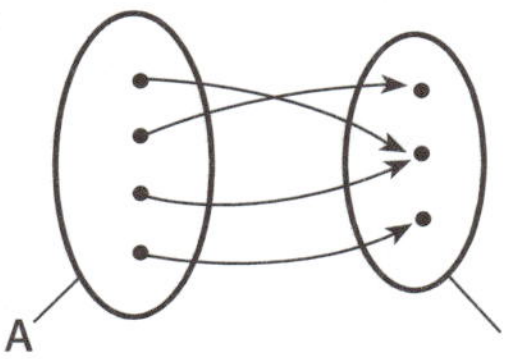

Rezept

1. Betrachte Pfeilbild ①: Geht von **jedem** Element von A **genau ein** Pfeil aus?
   Nein, vom ersten Element gehen zwei aus.
2. Ergebnis:
   Pfeilbild ① stellt **keine** Funktion dar.
3. Wie verhält es sich bei Pfeilbild ②?
   Von **jedem** Element aus A geht **genau ein** Pfeil aus.
4. Ergebnis:
   Pfeilbild ② stellt eine Funktion dar.

Jeder Zahl x aus $\mathbb{Q}$ soll ihre 10-mal so große Zahl zugeordnet werden.

1. Handelt es sich hier um eine Funktion?
   Ja, weil jeder Zahl **genau eine** zugeordnet ist.
2. Notiere die Funktion.
   $x \mapsto 10 \cdot x$ für x aus $\mathbb{Q}$
3. Gib Funktionsterm und Funktionsgleichung an.
   $10 \cdot x$
   $y = 10 \cdot x$
4. Wertetabelle für die x-Werte 0, 1, 2 und 3.

x	0	1	2	3
$10 \cdot x$	0	10	200	300

5. Wie heißen G und W?
   $G = \mathbb{Q}$ und $W = \mathbb{Q}$

8

7.1 Graphen

Merke

Ordnet man jedem Wertepaar (x; y) einer Zuordnung (oder Funktion) einen Punkt (x | y) zu, wobei x und y die Koordinaten im Koordinatensystem sind, so erhält man einen Punkt des Graphen der Zuordnung (oder Funktion).
Beachte: Nicht jede Zuordnung ist eine Funktion.

Gehe beim Zeichnen eines Graphen so vor:
- Wertetafel anlegen und für das Zeichnen geeignete Wertepaare berechnen.
- Die zugeordneten Punkte im Koordinatensystem eintragen.
- Punkte verbinden.

Denk nach!

a) Kannst du auch zu dieser Zuordnung
$$x \mapsto 5$$
einen Graph zeichnen? Wenn ja, zeichne ihn.

c) Wie sieht der Graph aus?

Zeichne den Graph zu
$x \mapsto 4 \cdot x$ mit $x \in \mathbb{Q}$.

Rezept

1. Anlegen einer Wertetabelle.

x	−1	0	$\frac{1}{2}$	1
4·x	−4	0	2	4

2. Zugeordnete Punkte ins Koordinatensystem eintragen.

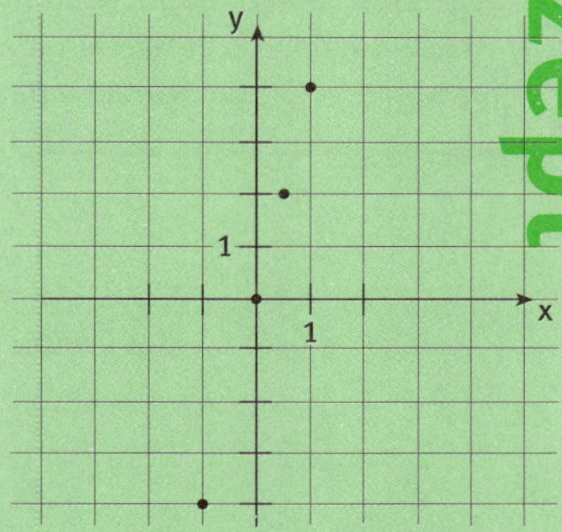

3. Punkte verbinden.

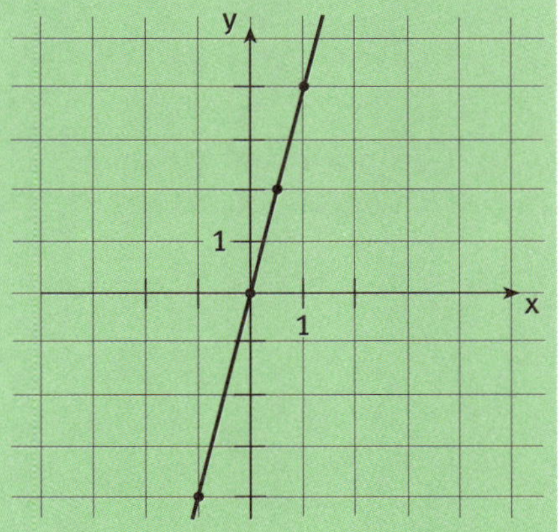

4. Ergebnis:

Der Graph von $x \mapsto 4 \cdot x$ ist eine Gerade, die durch den Nullpunkt geht.

8

7.2 Graph einer Funktion

Merke

Ein Graph ist nur dann **Graph einer Funktion,** wenn jede Parallele zur y-Achse **höchstens** einen Punkt aus dem Graph herausschneidet. Höchstens bedeutet: genau einen Punkt oder keinen.

Denk nach!

a) Welcher dieser beiden Graphen ist der Graph einer Funktion?

①

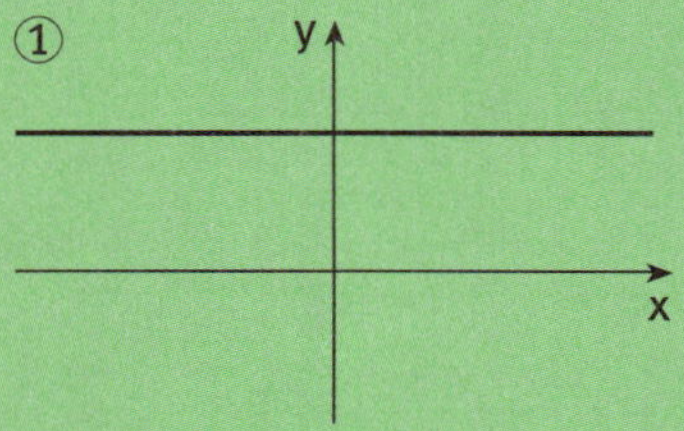

②

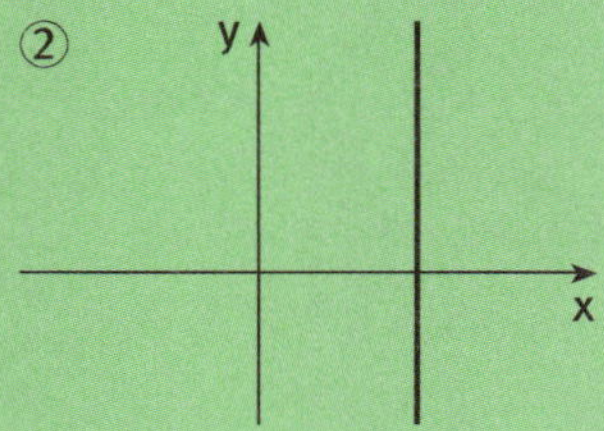

b) Begründe deine Meinung.

8

Welcher dieser beiden Graphen ist der Graph einer Funktion?

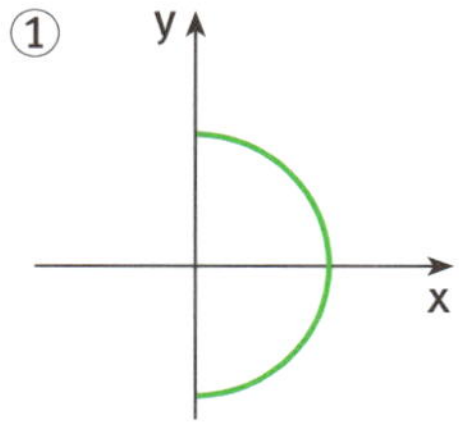

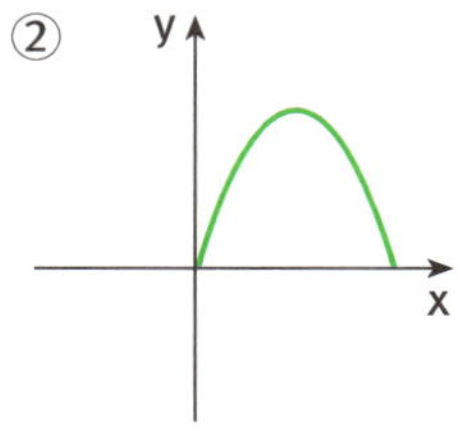

1. Zeichne in die Graphen Parallelen zur y-Achse:

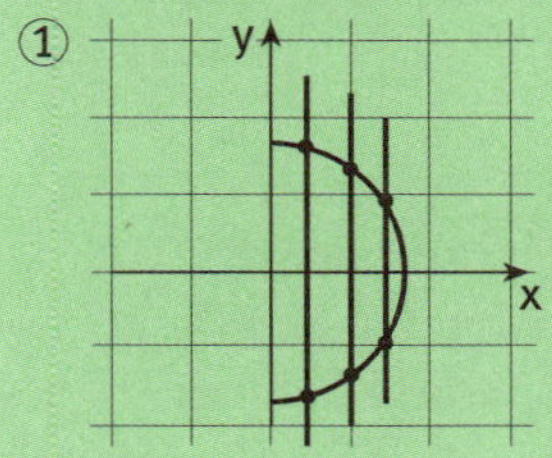

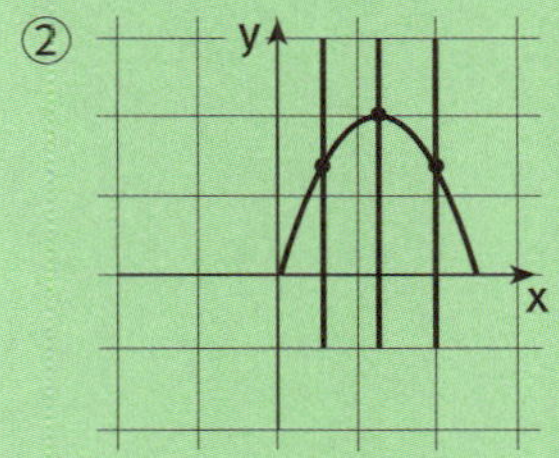

2. Was kannst du über die Anzahl der Schnittpunkte sagen?

in ① zwei Schnittpunkte
in ② ein Schnittpunkt

3. Ergebnis:

Nur ② ist der Graph einer Funktion.

8.1 Lösungen von linearen Gleichungen

Merke

Gleichungen wie $2x - 3y = 4$ mit $x, y \in \mathbb{Q}$ heißen **lineare Gleichungen**.

Die Zahlenpaare $(x; y)$, die Lösungen der Gleichung $2x - 3y = 4$ sind, bilden die Lösungsmenge

$$L = \{(x; y) \in \mathbb{Q} \times \mathbb{Q} \mid 2x - 3y = 4\}$$

bzw. in kürzerer Schreibweise

$$L = \{(x; y) \mid 2x - 3y = 4\}$$

Häufig trägt man Lösungen linearer Gleichungen in Wertetabellen ein. Man gibt dann x-Werte vor und berechnet die zugehörigen y-Werte. Dabei ist es günstig, die Gleichung vorher nach y aufzulösen.

Denk nach!

In einem geordneten Paar $(a; b)$ darf man die Partner im Allgemeinen nicht vertauschen. Es gibt aber Wertepaare, bei denen man es doch darf. Für welche a und b gilt $(a; b) = (b; a)$?

Rezept

Ist (0; 3) Lösung von 2x – y = 3?

1. Was bedeutet (0; 3)?	$(0; 3) \rightarrow x = 0$ und $y = 3$
2. Einsetzen von x und y in die gegebene Gleichung.	$2x - y = 3$ $x = 0 \quad y = 3$ $2 \cdot 0 - 3 = 3$ $-3 = 3$
3. Was bedeutet die Aussage $-3 = 3$?	$-3 = 3$ ist eine falsche Aussage. (0; 3) ist daher **nicht** Lösung von $2x - y = 3$.

Lege für die Gleichung 2x – y = 3 eine Wertetabelle an.

1. Auflösen der Gleichung nach y.	$2x - y = 3$ $-y = 3 - 2x$ $y = 2x - 3$
2. x-Werte vorgeben und einsetzen.	$x = 0 \rightarrow y = 2 \cdot 0 - 3 \rightarrow y = -3$ $x = 1 \rightarrow y = 2 \cdot 1 - 3 \rightarrow y = -1$ $x = 2 \rightarrow y = 2 \cdot 2 - 3 \rightarrow y = 1$
3. Werte in die Tabelle eintragen.	

x	0	1	2
y	−3	−1	1

8.2 Graphen der Lösungsmengen

Merke

Jedem Zahlenpaar (x; y) lässt sich ein Punkt P (x | y) der Ebene zuordnen. x und y heißen dann die Koordinaten des Punktes.

(x; y) →

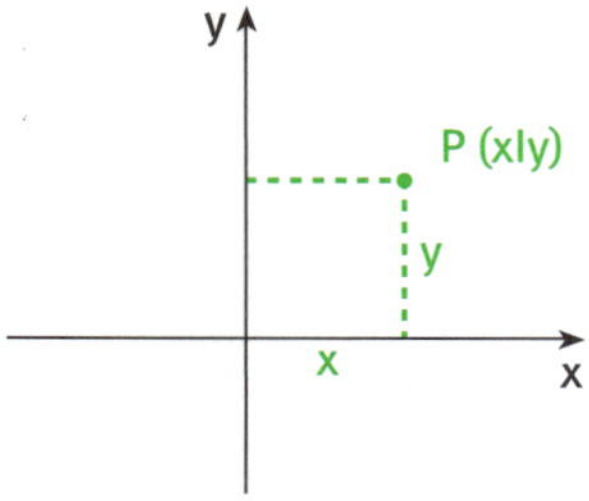

Die so erhaltenen Punkte lassen sich in das Koordinatensystem eintragen.

Merke

Die Punktmenge, die der Lösungsmenge einer linearen Gleichung mit zwei Variablen entspricht, ergibt eine Gerade.
Man sagt: Der Graph der Lösungsmenge einer linearen Gleichung mit zwei Variablen ist eine **Gerade**.

Denk nach!

a) Notiere von den eingezeichneten Punkten die zugeordneten Zahlenpaare (x; y):

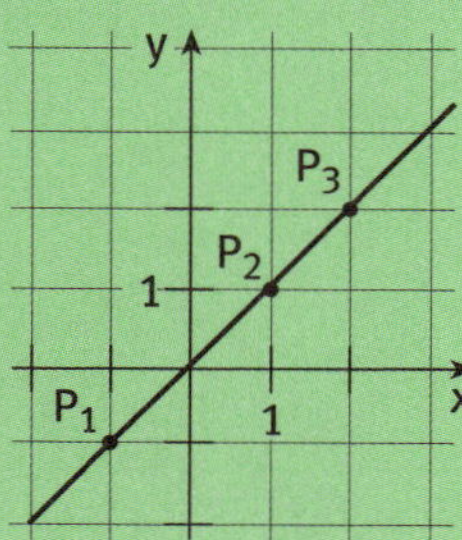

b) Kommt es für diese Zahlenpaare auf die Reihenfolge der Partner x, y an?

c) Gehört die Gleichung y – x = 0 zu dieser Geraden? Überprüfe es durch Einsetzen.

Zeichne den Graph zur Lösungsmenge von 3x + y = 2.

Rezept

1. Gleichung nach y auflösen.

$3x + y = 2$
$y = -3x + 2$

2. Notieren der Lösungsmenge L.

$L = \{(x; y) \in \mathbb{Q} \times \mathbb{Q} \mid y = -3x + 2\}$

3. Wertetabelle anlegen.

x	−1	0	1	2
y	5	2	−1	−4

4. Wertepaare als Punkte ins Koordinatensystem übertragen.

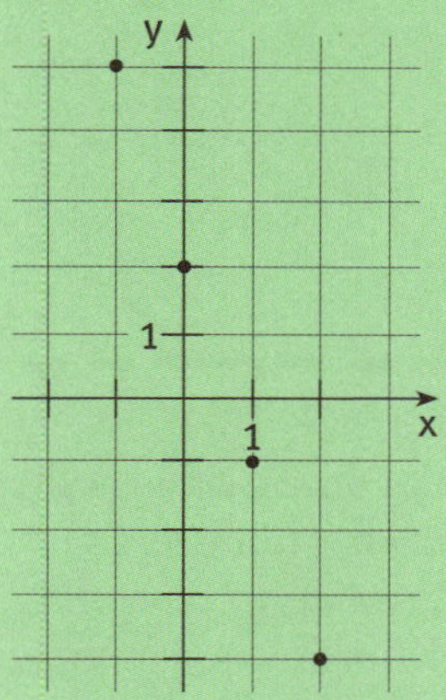

5. Punkte verbinden.

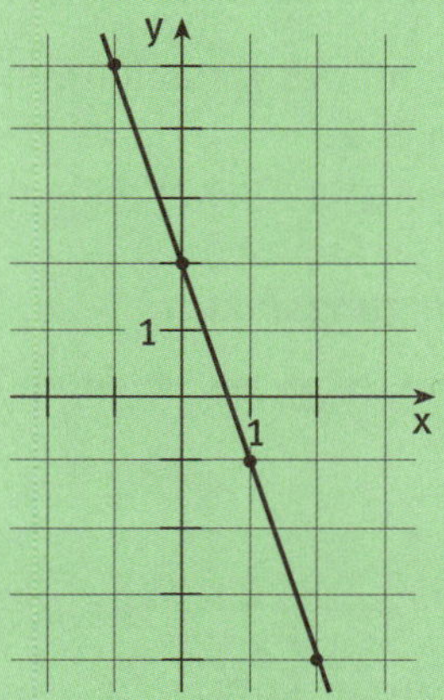

6. Ergebnis:

Der Graph ist eine Gerade.

9.1 Ursprungsgerade

Merke

Geraden, die durch den Nullpunkt (Ursprung) des Koordinatensystems gehen, heißen **Ursprungsgeraden.**

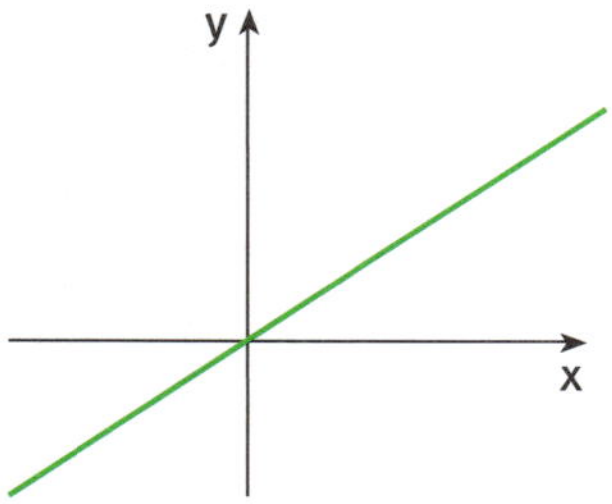

Beim Zeichnen von Geraden solltest du so vorgehen:
- Gleichung nach y auflösen,
- Wertetabelle anlegen,
- Punkte ins Koordinatensystem eintragen und verbinden.

Merke

Der Koeffizient der Variablen von x wird mit m bezeichnet.
Dabei ist $m \in \mathbb{Q}$.
Die Ursprungsgerade hat dann die Gleichung

$$y = m \cdot x$$

m heißt **Steigungsfaktor.**

Denk nach!

a) Sind die Achsen des Koordinatensystems auch Ursprungsgeraden?

b) Kannst du die Gleichungen
$x = 0$ bzw. $y = 0$
den Achsen des Koordinatensystems zuordnen?
Zu welcher gehört also die x-Achse und zu welcher die y-Achse?

8

Zeichne den Graph zu 2y + 6x = 0.

Rezept

1. Gleichung nach y auflösen.

$$2y + 6x = 0$$
$$2y = -6x$$
$$y = -3x$$

2. Wie groß ist der Steigungsfaktor m?

$$y = mx$$
$$m = -3$$

3. Wertetabelle anlegen.

x	−1	0	1
y	3	0	−3

4. Punkte ins Koordinatensystem eintragen und verbinden.

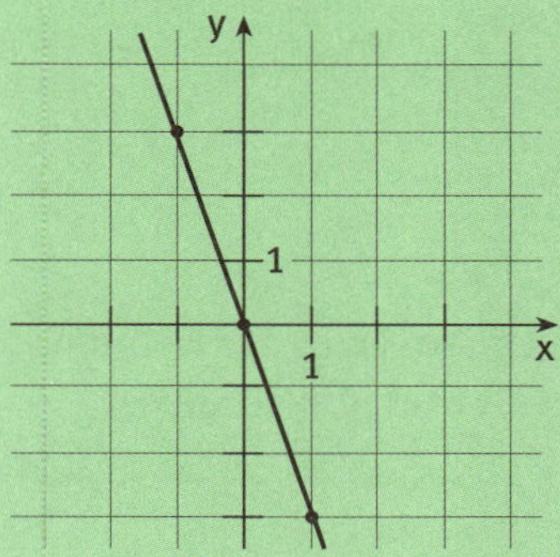

8

9.2 Steigung der Ursprungsgeraden

Merke

Die Steigung m der Geraden y = m x mit $m \in \mathbb{Q}$ erhält man als den y-Wert, der x = 1 zugeordnet ist.

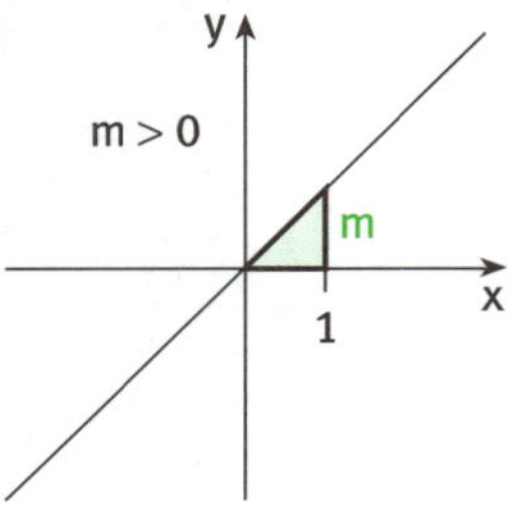

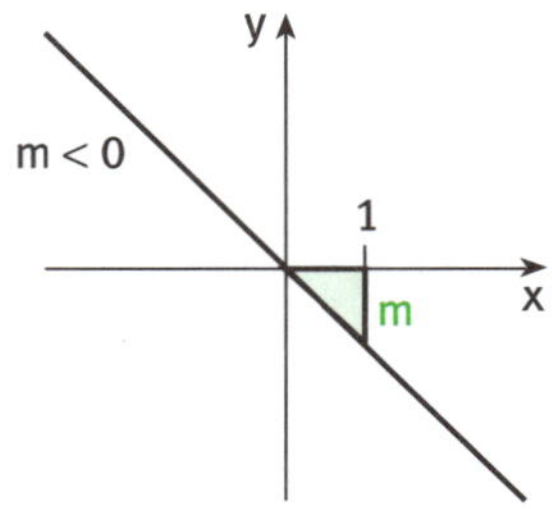

Das sich zwischen der Geraden, x-Achse und Steigung m ergebende Dreieck heißt **Steigungsdreieck.**

Verwendest du das Steigungsdreieck, so lassen sich die Ursprungsgeraden y = m x besonders einfach zeichnen, da sie alle durch den Nullpunkt gehen.

1. Nullpunkt kennzeichnen.
2. Im Nullpunkt Steigungsdreieck eintragen; bei x = 1 für m > 0 die m-Einheiten nach oben, für m < 0 nach unten antragen.
3. Gerade durch den so erhaltenen Punkt und Nullpunkt zeichnen.

Denk nach!

Hier ist ein Geradenbüschel gezeichnet:

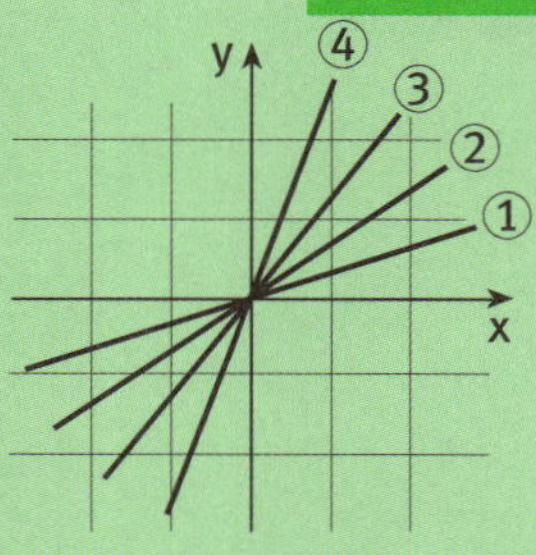

a) Verändert sich m, wenn du von Gerade ① zu ②, zu ③, zu ④ übergehst?

b) Wie verändert sich m, wenn du umgekehrt von ④ nach ① gehst?

c) Welche Steigung besitzt dann die Gerade y = 0, die der x-Achse entspricht?

8

Rezept

Zeichne die Gerade $y = -\frac{1}{2}x$ mithilfe des Steigungsdreiecks.

1. Nullpunkt markieren.

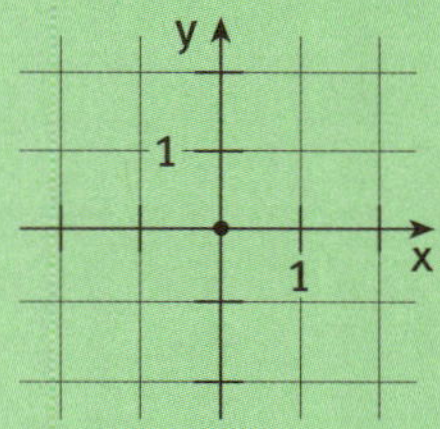

2. Wie groß ist m?

$y = -\frac{1}{2}x$

$m = -\frac{1}{2}$

3. Zeichne das Steigungsdreieck so: eine Einheit nach rechts, eine halbe Einheit nach unten (wegen $m < 0$).

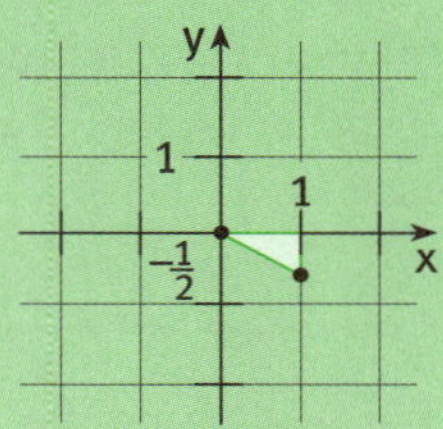

4. Gerade einzeichnen.

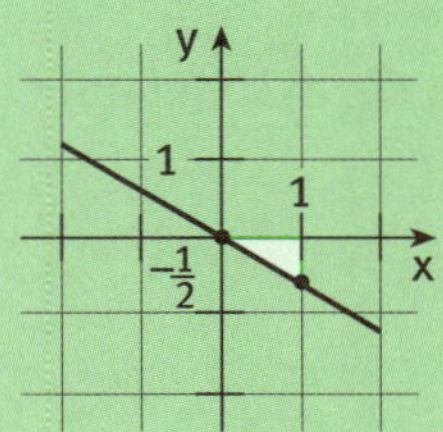

8

9.3 Allgemeine Form der Geradengleichung

Merke

Für Geradengleichungen der Form $y = 2x - 5$ schreibt man allgemein

$$y = mx + n \quad \text{mit} \quad m, n \in \mathbb{Q}$$

Ist $n = 0$, so ergibt sich mit

$$y = mx$$

die Gleichung der **Ursprungsgeraden**.

Mithilfe der allgemeinen Form einer Geradengleichung kann man von gegebenen Gleichungen leicht angeben, welche Eigenschaften die entsprechenden Geraden besitzen müssen.

Merke

Der Graph zu einer Gleichung der Form

$$y = mx + n \quad \text{mit} \quad m, n \in \mathbb{Q}$$

ist eine Gerade, die die Steigung m besitzt und durch den Punkt $(0|n)$ der y-Achse verläuft.

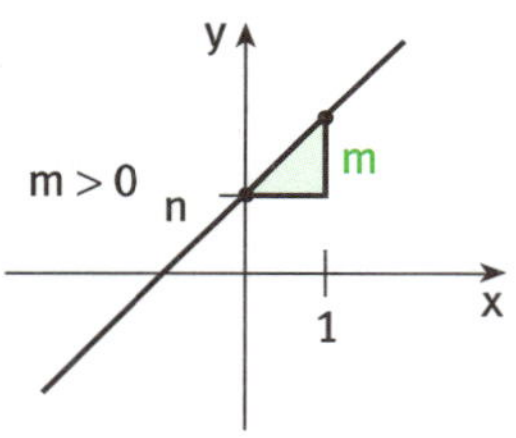

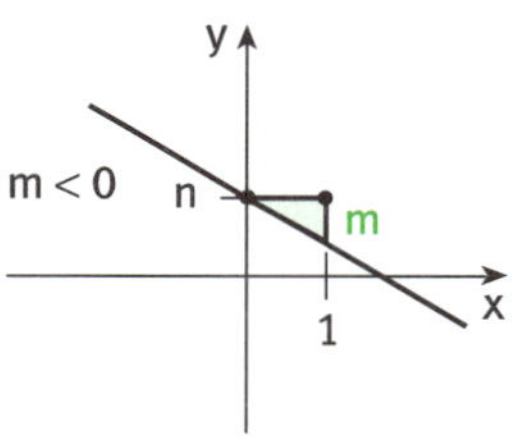

Zu Gleichungen mit gleichem m aber verschiedenen n gehören **parallele Geraden.**
Stimmen die Gleichungen in n überein (bei unterschiedlichem m), so gehen ihre Graphen durch den **gemeinsamen Punkt** $(0|n)$ auf der y-Achse.
Gleichungen mit $n = 0$ ergeben Geraden, die durch den Nullpunkt gehen.

Denk nach!

a) Gib von der Geradengleichung $y = 0$ die Werte von m und n an.

b) Welche Schlussfolgerungen kannst du daraus ziehen?

8

Rezept

Entscheide, wie die Geraden zu diesen Gleichungen verlaufen.

① $y = -3x + 1$ ② $y = \frac{1}{2}x + 1$ ③ $y = -3x$

1. Sind alle Gleichungen in der Normalform?

ja

2. Notiere m und n.

① $m = -3;\ n = 1$
② $m = \frac{1}{2};\ n = 1$
③ $m = -3;\ n = 0$

3. Wie verlaufen die Geraden?

① und ③ → parallel, wegen $m = -3$
① und ② → gehen durch $(1|n)$
③ → geht durch $(0|0)$

Bestimmen der Gleichung zu einem gegebenen Graph.

1. Lies n ab.

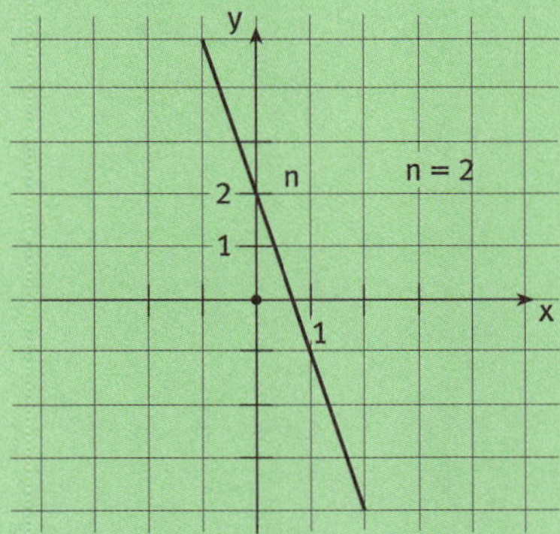

2. Ermittle m durch Einzeichnen des Steigungsdreiecks.

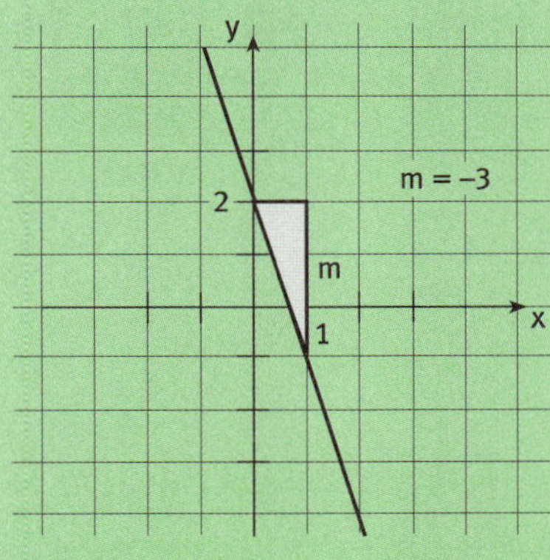

3. Aufstellen der Gleichung.

$y = mx + n$
$m = -3 \quad n = 2$
$y = -3x + 2$

8

10.1 Lösen von linearen Ungleichungen

Merke

Aussageformen wie

$y > 2x - 3$ und $y < 4x + 1$ mit $x, y \in \mathbb{Q}$

heißen **lineare Ungleichungen**.

Ihre Lösungsmengen werden so notiert:

$L = \{(x; y) \in \mathbb{Q} \times \mathbb{Q} \mid y > 2x - 3\}$

bzw.

$L = \{(x; y) \in \mathbb{Q} \times \mathbb{Q} \mid y < 4x + 1\}$

oder kürzer

$L = \{(x; y) \mid y > 2x - 3\}$

$L = \{(x; y) \mid y < 4x + 1\}$

Das Arbeiten mit linearen Ungleichungen ergänzt die Erkenntnisse, die du bei den linearen Gleichungen gewonnen hast.

Denk nach!

Manche Ungleichungen besitzen auch die Form $y \leqq 3x - 2$. Sie setzen sich zusammen aus der Gleichung $y = 3x - 2$ und der Ungleichung $y < 3x - 2$.

a) Notiere die Lösungsmenge L_1 von $y = 3x - 2$.

b) Wie heißt die Lösungsmenge L_2 von $y < 3x - 2$?

c) Ist diese Schreibweise für die Gesamtlösungsmenge L dann richtig?
$L = \{(x; y) \in \mathbb{Q} \times \mathbb{Q} \mid y \leqq 3x - 2\}$

8

Rezept

Ist (–1; 2) Lösung von $y > 2x - 1$?

1. Wertepaar (–1; 2) umschreiben.	$(-1; 2) \rightarrow x = -1,\ y = 2$
2. Werte einsetzen.	$y > 2x - 1$ $x = -1 \quad y = 2$ $2 > 2 \cdot (-1) - 1$ $2 > -3$
3. Bewerten der Aussage.	$2 > -3$ ist eine **richtige** Aussage.
4. Ergebnis:	(–1; 2) ist **Lösung** von $y > 2x - 1$.

Ist (1; –2) Lösung von $y > 2x - 1$?

1. Wertepaar (1; –2) umschreiben.	$(1; -2) \rightarrow x = 1,\ y = -2$
2. Werte einsetzen.	$y > 2x - 1$ $x = 1 \quad y = -2$ $-2 > 2 \cdot 1 - 1$ $-2 > 1$
3. Bewertung der Aussage.	$-2 > 1$ ist eine **falsche** Aussage.
4. Ergebnis:	(1; –2) ist **keine** Lösung von $y > 2x - 1$.

8

10.2 Graphen der Lösungsmenge

Merke

Die Gerade $y = 2x - 1$ teilt die Ebene in eine **Halbebene oberhalb** und eine **Halbebene unterhalb** der Geraden.

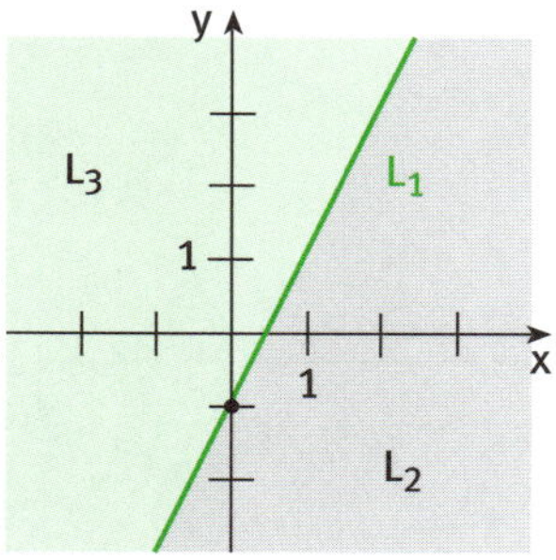

Der Graph der Lösungsmenge L_1 der **Gleichung** $y = 2x - 1$

$$L_1 = \{(x; y) \mid y = 2x - 1\}$$

ist die **Gerade.**

Der Graph der Lösungsmenge L_2 der **Ungleichung** $y < 2x - 1$

$$L_2 = \{(x; y) \mid y < 2x - 1\}$$

umfasst dagegen die **Halbebene unterhalb** der Geraden und L_3

$$L_3 = \{(x; y) \mid y > 2x - 1\}$$

die **Halbebene oberhalb** der Geraden.

Denk nach!

Schraffiere im Koordinatensystem die Lösungsmengen, die diese Ungleichungen besitzen:

a) $y < 0$ b) $y > 0$ c) $x < 0$ d) $x > 0$

Zeichne den Graph für die Lösungsmenge L von $y < -2x + 1$.

Rezept

1. Zeichne den Graph für $y = -2x + 1$.

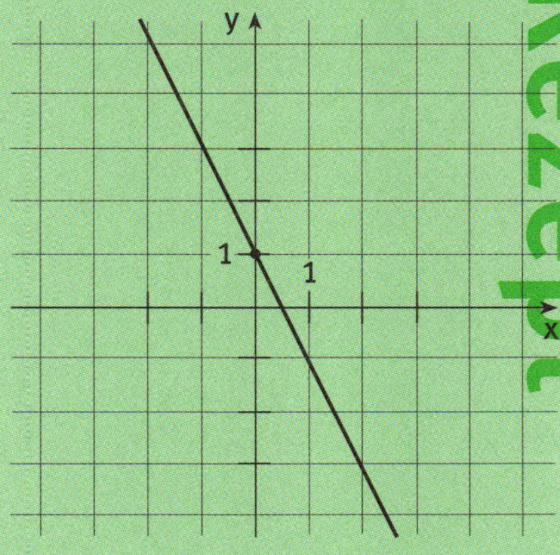

2. Welche Halbebene gilt für $y < -2x + 1$? Untersuche dazu die Lage von $P(0|0)$.

$P(0|0)$ $x = 0$; $y = 0$
$y < -2x + 1$
$0 < -2 \cdot 0 + 1$
$0 < 1$ richtige Aussage, d. h. P liegt in L.

3. Eintragen von P und Schraffieren der Lösungsmenge L.

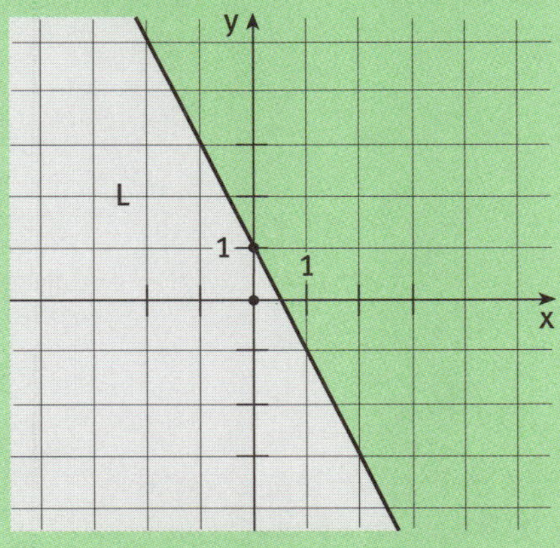

8

Rezept

Liegen die Punkte $P_1(-2|1)$ und $P_2(2|1)$ in L von $y < -2x + 1$?

1. Zeichnen der Lösungsmenge L.

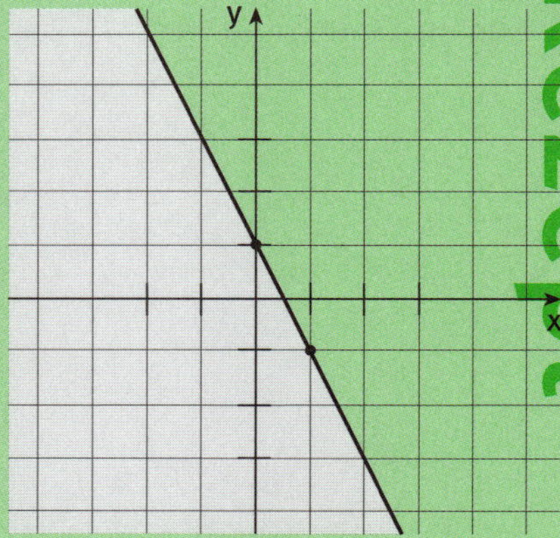

2. Eintragen von $P_1(-2|1)$ und $P_2(2|1)$.

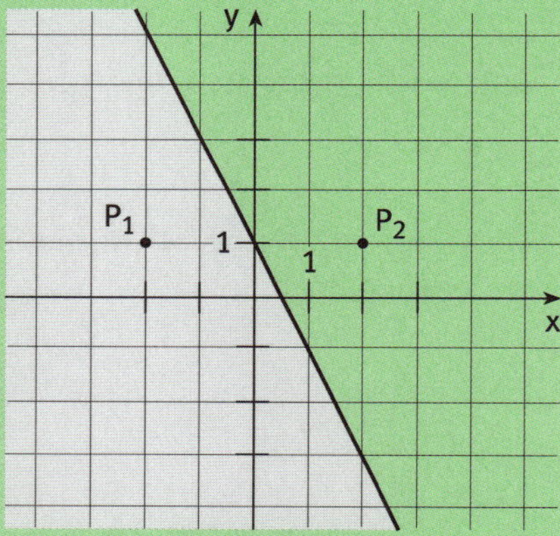

3. Ergebnis:

$P_1(-2|1)$ liegt in L.

4. Welches Wertepaar ist also Lösung von $y < -2x + 1$?

$(-2; 1) \in L$

8

11.1 Punkt-Steigungsform der Geradengleichung

Merke

Eine Gerade lässt sich zeichnen, wenn man **einen** ihrer **Punkte P** und ihre **Steigung** kennt.

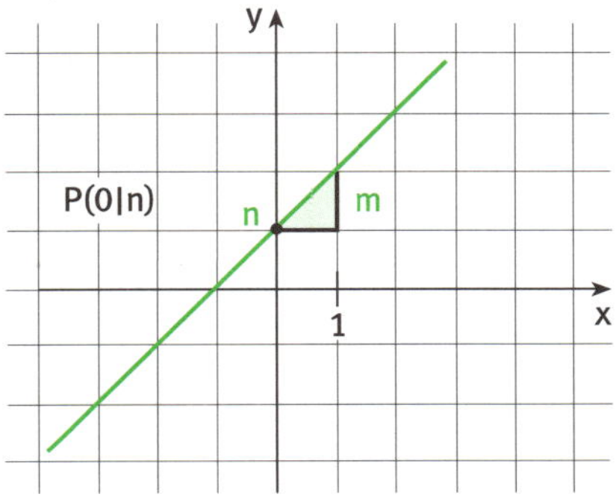

Aus der Geradengleichung

$$x = mx + n \quad \text{mit} \quad m, n \in \mathbb{Q}$$

lässt sich der y-Achsenabschnitt n und die Steigung m ablesen.
Beachte beim Zeichnen des Steigungsdreiecks

$m > 0$:

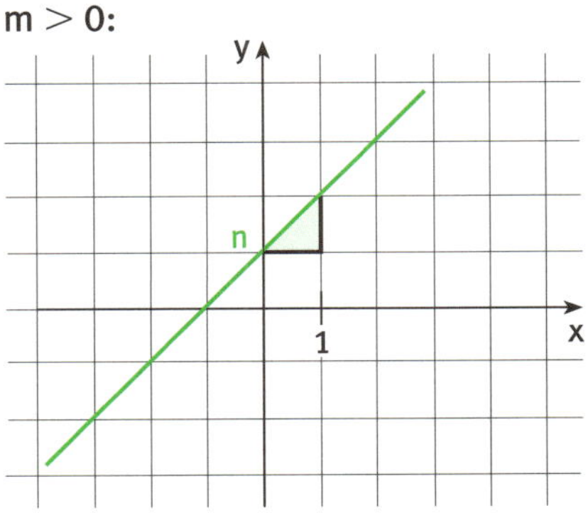

$m < 0$:

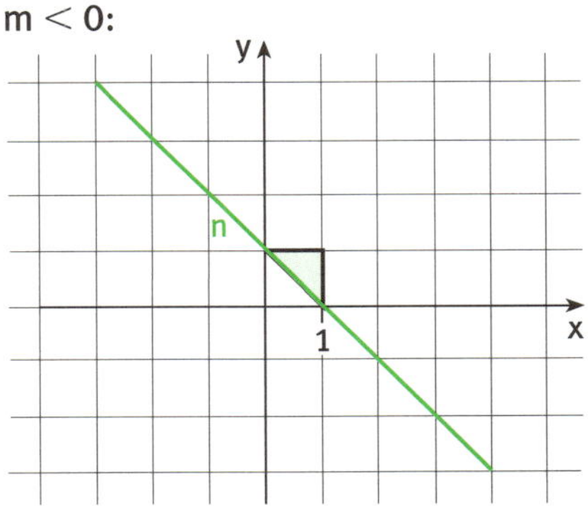

Denk nach!

Wie müssen die Geradengleichungen beschaffen sein, wenn

a) die Geraden alle parallel verlaufen sollen,

b) die Geraden sich alle auf der y-Achse schneiden sollen?

Rezept

Zeichne den Graph von $y = -2x + 3$.

1. Ermittle die Werte für m und n.

$y = -2x + 3$

$m = -2; \quad n = 3$

2. Trage n ins Koordinatensystem ein.

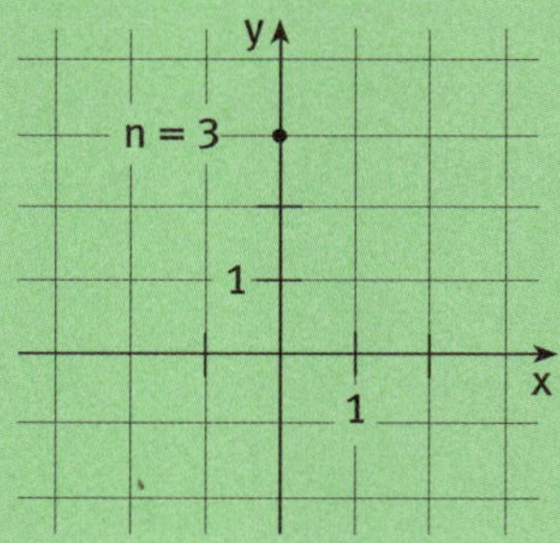

3. Trage von n aus das Steigungsdreieck ein.

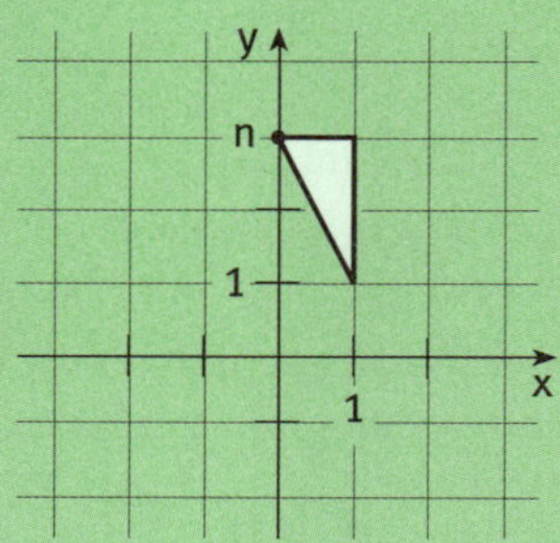

4. Zeichne die Gerade ein.

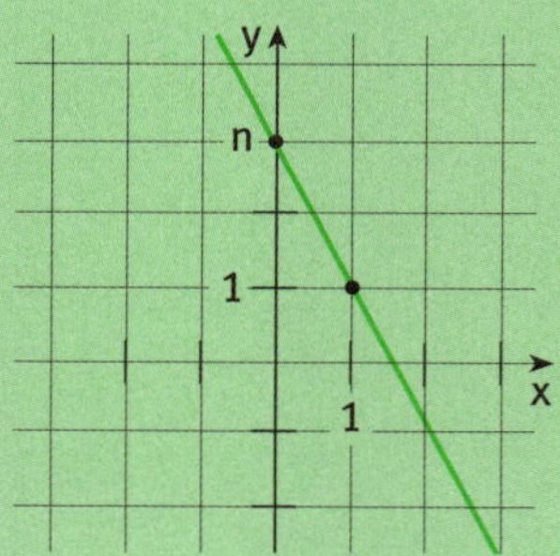

11.2 Zwei-Punkteform der Geradengleichung

Merke

Eine Gerade lässt sich auch zeichnen, wenn man von ihr **zwei Punkte** $P_1(x_1|y_1)$ und $P_2(x_2|y_2)$ kennt.

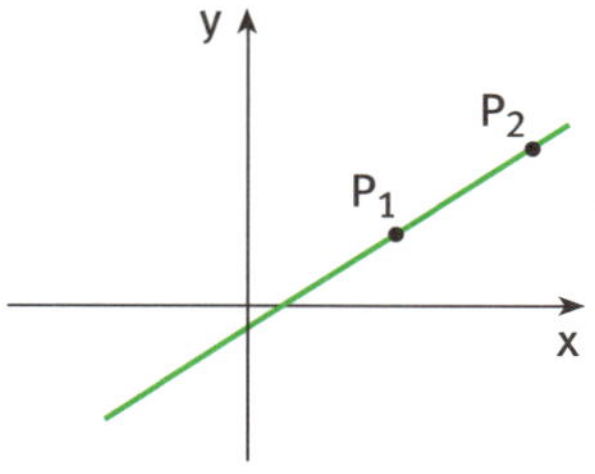

Daraus ergibt sich die **Zwei-Punkteform** der Geradengleichung

$$\frac{y-y_1}{x-x_1} = \frac{y_2-y_1}{x_2-x_1} \quad \text{mit } x_1 \neq x_2$$

Denk nach!

a) Woran erkennst du, dass ein Punkt $P(a|b)$ auf der x-Achse liegt?

b) Woran wird deutlich, dass $P(a|b)$ auf der y-Achse liegt?

c) Was kannst du über die Lage der Punkte $P_1(0|3)$ und $P_2(-5|0)$ aussagen?

8

Wie lautet die Gleichung der Geraden, die durch die Punkte $P_1(-1|-2)$ und $P_2(2|1)$ geht?

Rezept

1. Koordinaten der Punkte notieren.

$P_1(-1|-2) \rightarrow x_1 = -1;\quad y_1 = -2$
$P_2(2|1) \rightarrow x_2 = 2;\quad y_2 = 1$

2. Koordinaten in die Gleichung einsetzen.

$$\frac{y - y_1}{x - x_1} = \frac{y_2 - y_1}{x_2 - x_1}$$

$$\frac{y - (-2)}{x - (-1)} = \frac{1 - (-2)}{2 - (-1)}$$

3. Gleichung umformen; mit (x + 1) multiplizieren.

$$\frac{y + 2}{x + 1} = \frac{3}{1} = 3$$

$$y + 2 = 3(x + 1)$$
$$y + 2 = 3x + 3$$
$$y = 3x + 3 - 2$$
$$y = 3x + 1$$

4. Ergebnis:

$x = 3x + 1$ ist die Gerade, die durch die Punkte $P_1(-1|-2)$ und $P_2(2|1)$ geht.

8

11.3 Achsenabschnittsform der Geradengleichung

Merke

Eine Gerade, die nicht parallel zur x- bzw. y-Achse verläuft, schneidet beide Achsen.

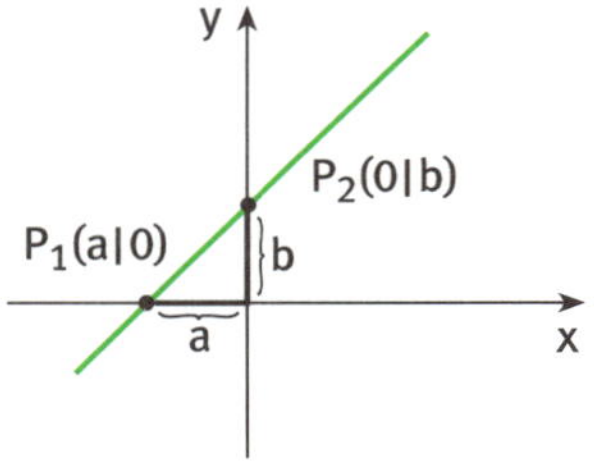

a und b sind Achsenabschnitte

Mithilfe dieser Achsenabschnitte lässt sich die Geradengleichung auch so umformen:

$$\frac{x}{a} + \frac{y}{b} = 1 \qquad \text{mit } a \neq 0; \quad b \neq 0$$

Diese Gleichung heißt **Achsen-Abschnittsform** der Geradengleichung.

Kennt man die Schnittpunkte P_1, P_2 einer Geraden mit der x- bzw. y-Achse, kann man auch die Zwei-Punkteform der Geradengleichung verwenden.
Außerdem lässt sich die Zwei-Punkteform in die allgemeine Geradengleichung (mit m, n) umformen.
Willst du eine allgemeine Geradengleichung in die Achsen-Abschnittsform umwandeln, so musst du die Schnittpunkte der Geraden mit der x-Achse und mit der y-Achse berechnen. Auf diese Weise erhältst du die Achsenabschnitte, die du für die Aufstellung der Gleichung benötigst.

Merke

Jede Gleichungsform lässt sich in jede andere umwandeln.

8

Denk nach!

a) Gibt es für die Gerade y = 0 (x-Achse) eine Achsenabschnittsform?

b) Versuche dies zu begründen.

Wie lautet die Gleichung der Geraden, die die x-Achse in $P_1(-2|0)$ und die y-Achse in $P_2(0|3)$ schneidet?

1. Bestimmen der Achsenabschnitte a, b.

$P_1(-2|0) \rightarrow \boxed{x_1 = -2}$; $y_1 = 0 \rightarrow \boxed{a = -2}$

$P_2(0|3) \rightarrow x_2 = 0$; $\boxed{y_2 = 3} \rightarrow \boxed{b = 3}$

2. Einsetzen in die Achsenabschnittsform der Geradengleichung.

$\frac{x}{a} + \frac{y}{b} = 1$

$a = -2; \quad b = 3$

$\frac{x}{-2} + \frac{y}{3} = 1$

3. Umformen der Gleichung.

$\frac{x}{-2} + \frac{y}{3} = 1 \quad |\cdot 6$

$-3x + 2y = 6$

$2y = 3x + 6$

$y = \frac{3}{2}x + 3$

4. Ergebnis:

Die Geradengleichung heißt:
$y = \frac{3}{2}x + 3$

Wandle die Geradengleichung $y = \frac{3}{2}x + 1$ in die Achsenabschnittsform um.

1. Berechne a, d. h. den Schnittpunkt der Geraden mit der x-Achse.

Für den Schnittpunkt mit der x-Achse gilt y = 0.

$y = \frac{3}{2}x + 1$

$0 = \frac{3}{2}x + 1$

$-\frac{3}{2}x = 1$

$x = -\frac{2}{3} \rightarrow \boxed{a = -\frac{2}{3}}$

2. Berechne b, d. h. den Schnittpunkt der Geraden mit der y-Achse.

Jetzt muss x = 0 sein.

$y = \frac{3}{2}x + 1$

$y = \frac{3}{2} \cdot 0 + 1$

$y = 1 \rightarrow \boxed{b = 1}$

3. Aufstellen der Gleichung in Achsenabschnittsform.

$\frac{x}{a} + \frac{y}{b} = 1$

$a = -\frac{2}{3}; \quad b = 1$

$\frac{x}{\left(-\frac{2}{3}\right)} + \frac{y}{1} = 1$

4. Ergebnis:

Zur Geradengleichung $y = \frac{3}{2}x + 1$ gehört die Achsen-Abschnittsform

$\frac{x}{\left(-\frac{2}{3}\right)} + \frac{y}{1} = 1.$

Rezept

12.1 Lineare Funktionen

Merke

Bei linearen Funktionen ist die Funktionsgleichung eine **lineare Gleichung**.

$$f:\quad x \mapsto mx + n \quad \text{mit} \quad m, n \in \mathbb{Q} \quad \text{und} \quad x \in \mathbb{Q}$$

$$y = mx + n$$

Viele Zusammenhänge zwischen Größen des täglichen Lebens sind in ihrer mathematischen Struktur lineare Funktionen. Sie lassen sich auf entsprechende Funktionsgleichungen zurückführen.

Denk nach!

Deine Eltern haben die Wahl zwischen zwei Stromtarifen:

1. Eine kWh kostet 0,30 €, Grundgebühr 5 € im Monat
2. Eine kWh kostet 0,20 €, Grundgebühr 10 € im Monat

a) Sie verbrauchen im Durchschnitt 100 kWh im Monat. Welchen Tarif sollten sie abschließen?

b) Wie sieht es aus, wenn sie nur 40 kWh im Monat verbrauchen?

Eine Kilowattstunde (kWh) kostet 0,20 €. Die Grundgebühr beträgt 8 € im Monat.

Welche Funktion liegt der Aufgabe zugrunde und wie teuer ist der Verbrauch von 10, 20 und 30 kWh?

Rezept

1. Aus welchen Größen setzt sich jeweils die Stromrechnung zusammen?

   Stromverbrauch von x kWh + Grundgebühr:
   x · 0,20 € + 8 €

2. Stelle die Funktion auf.

   $x \mapsto x \cdot 0{,}20 + 8$

3. Lege eine Wertetabelle an und berechne die gesuchten Werte.

x	10	20	30
x · 0,20 + 8	10	12	14

8

12.2 Graphen linearer Funktionen

Merke

Der Graph der linearen Funktion

$$f: \quad x \mapsto mx + n \quad \text{mit} \quad m, n \in \mathbb{Q} \quad \text{und} \quad x \in \mathbb{Q}$$

ist die Gerade

$$y = mx + n$$

mit der Steigung m und dem Achsenabschnitt n.

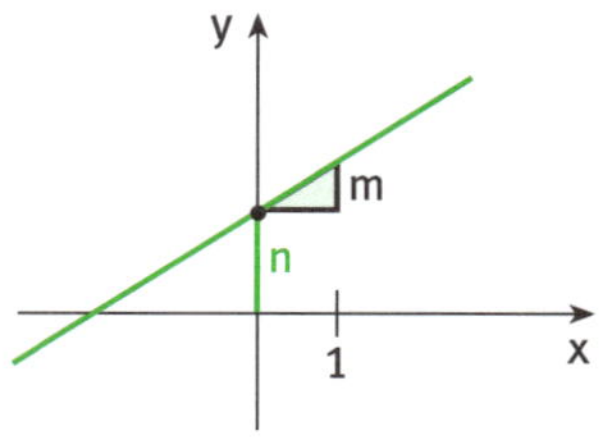

Zeichnest du die Graphen linearer Funktionen, musst du auf deine Kenntnisse über Geradengleichungen und Geraden zurückgreifen.

Denk nach!

Zeichne für die Funktionen, die den Stromtarifen
1. 1 kWh 0,30 €; Grundgebühr 5 € im Monat
2. 1 kWh 0,20 €; Grundgebühr 10 € im Monat
zugrunde liegen, jeweils eine Gerade ins gleiche Koordinatensystem.

a) Bei welchem Stromverbrauch schneiden sie sich?

b) Was bedeutet das für die Auswahl des Stromtarifs?

8

Zeichne für die lineare Funktion $x \mapsto 2x + 1$ den Graph.

Rezept

1. Welche Funktionsgleichung liegt hier vor?

   $y = 2x + 1$

2. Gib von der Funktionsgleichung m und n an.

   $y = mx + n$
   $y = 2x + 1$
   $m = 2; \quad n = 1$

3. Zeichne den Graph. Benutze m und n.

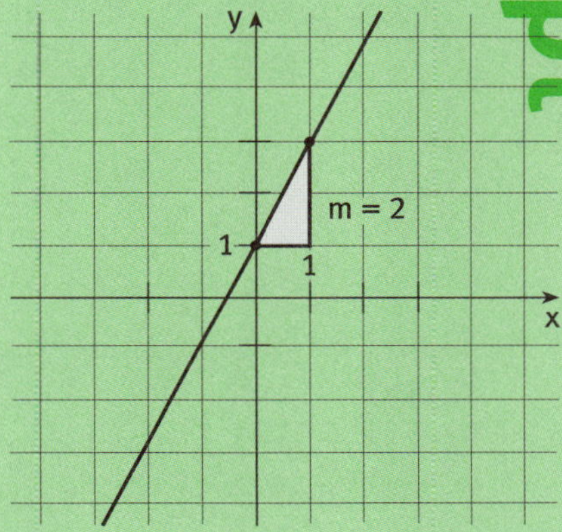

Lösungen der Aufgaben „Denk nach!"

1 Terme und ihre Umformungen

1.1 a) $a = 2; \quad b = 5$
b) In a^2 wurde a durch 3 ersetzt.
c) Für $a = 2, b = 5$: $3 \cdot 2 - 2 \cdot 5 + 2^2 = 0$
für $a = 3, b = 5$: $3 \cdot 3 - 2 \cdot 5 + 3^2 = 8$

1.2 a) $-b$ b) b c) $b - 4a$

1.3 a) $x^2y + 3xy^2$
b) $3a^2b$
c) ① $3ab^2$ ② $3a^2b$ ③ $3a^2b$ ④ $3ab^2$
also: ① = ④ und ② = ③

1.4 Es sind Anwendungen der binomischen Formeln
a) $(3x)^2 - (4y)^2 = 9x^2 - 16y^2$
b) $(3x)^2 - 2(3x)(2y) + (2y)^2 = 9x^2 - 12xy + 4y^2$
c) $(3x)^2 + 2(3x)(2y) + (2y)^2 = 9x^2 + 12xy + 4y^2$

2 Binomische Formeln und Faktorisieren

2.1 a) $3 \cdot \frac{1}{7} = \frac{3}{7}$ b) $\frac{1}{7 \cdot 7 \cdot 7} = \frac{1}{343}$
c) $4 \cdot \frac{3}{x} = \frac{12}{x}$ d) $\frac{3 \cdot 3 \cdot 3 \cdot 3}{x \cdot x \cdot x \cdot x} = \frac{81}{x^4}$

2.2 a) $(a + b)^2 = a^2 + 2ab + b^2 = \boxed{1}\,a^2 + \boxed{2}\,ab + \boxed{1}\,b^2$
b) $(a + b)^3 = a^3 + 3a^2b + 3ab^2 + b^3$
$= \boxed{1}\,a^3 + \boxed{3}\,a^2b + \boxed{3}\,ab^2 + \boxed{1}\,b^3$
c) $(a + b)^4 = a^4 + 4a^3b + 6a^2b^2 + 4ab^3 + b^4$
$= \boxed{1}\,a^4 + \boxed{4}\,a^3b + \boxed{6}\,a^2b^2 + \boxed{4}\,ab^3 + \boxed{1}\,b^4$
d) ja

2.3 a) nein, richtig ist: $4a(3a - 2b)$
b) nein, richtig ist: $(4a - 3c)(b - 3c)$
c) ja

3 Bruchterme

3.1 a) $\frac{21x}{28y} = \frac{3x}{4y}$; $\frac{75a}{125} = \frac{3a}{5}$; $\frac{60x^2}{90z} = \frac{2x^2}{3z}$

b) $\frac{3x^2}{7x} \rightarrow x \neq 0$; $\frac{2a^2b}{5ab} \rightarrow a \neq 0, b \neq 0$; $\frac{2(x-2)^2}{9(x-2)} \rightarrow x \neq 2$

3.2 a) falsch, richtig ist $\frac{8a}{25b}$; $b \neq 0, c \neq 0$

b) richtig, $a \neq 0, b \neq 0$

3.3 a) falsch, richtig ist $\frac{16x-5y+15}{(2x-y)(2x+5)}$; $2x \neq y, 2x \neq -5$

b) falsch, richtig ist $\frac{4x^2-4xy-21y^2}{3y(x-y)}$; $y \neq 0, x \neq y$

4 Aussagen und Aussageformen

4.1 a) ①, ④ sind wahre Aussagen
b) ② und ③; es sind keine Aussagen

4.2 nur in b)

4.3 a)

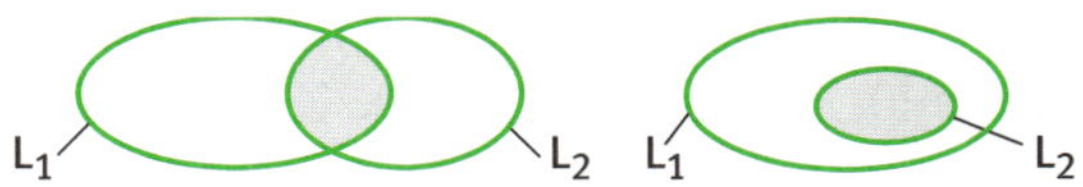

b) in ①
c) in ③

5 Äquivalenzumformungen

5.1 a) In der 2. Zeile ist ein Fehler. Es muss heißen: $2x - 12 + 5x = 9$
b) $2x - 12 = 9 - 5x \rightarrow x = -7$
$-14 - 12 = 9 + 35$
$-26 = 44$ falsche Aussage!
c) $L = \{3\}$

5.2 b) $x = 3$ ist richtig

5.3 a) in der 3. Zeile. Es muss heißen
$x + 5 < 1$.
b) $x < -4$

8

5.4 a) in der 2. Zeile. Es muss heißen
$3x - [4 - x + 8] = 5x + 6$
richtige Lösung: $x = -18$
b) in der 2. Zeile. Es muss heißen
$9x - 24 = 8x + 12$
richtige Lösung: $x = 36$

6 Zuordnungen

6.1 a)

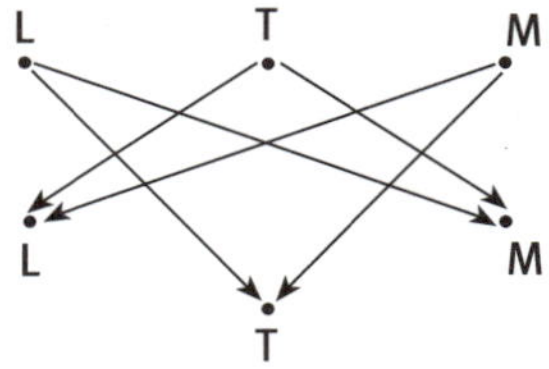

6 Spiele

b) (L, T); (L, M); (T, L); (T, M); (M, L); (M, T);
c) (L, L); (T, T); (M, M), denn keiner kann gegen sich selber spielen.

6.2 a) a und g
b) f mit d

6.3 a) Ja, weil jeder der Zahlen 0, 1, 2, 3, 4 **genau** eine Zahl, nämlich 10 zugeordnet ist.
b) Nein, weil jeder Zahl mehr als eine Zahl zugeordnet ist.

7 Funktionen und ihre Graphen

7.1 a)

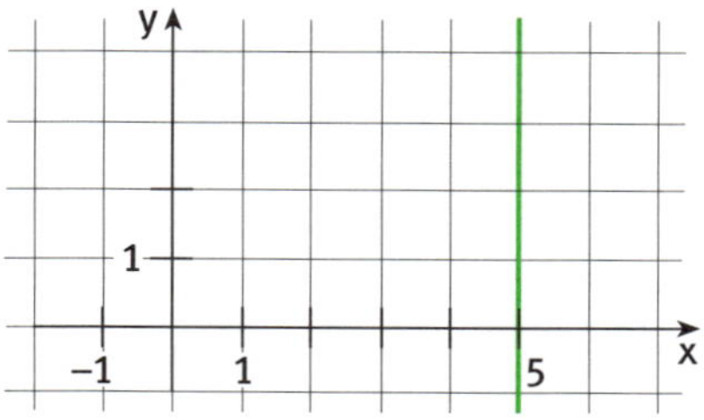

b) Eine Gerade parallel zur y-Achse.

7.2 a) ①
b) Jedem x ist genau **ein** y zugeordnet.

8 Lineare Gleichungen

8.1 (a; b) = (b; a) nur dann, wenn a = b.

8

8.2 a) $P_1 \rightarrow (-1; -1)$; $P_2 \rightarrow (1; 1)$ $P_3 \rightarrow (2; 2)$
b) nein
c) ja

9 Geradengleichung

9.1 a) ja
b) x-Achse $\rightarrow$ $y = 0$; y-Achse $\rightarrow$ $x = 0$

9.2 a) Ja, m wird ständig größer.
b) m wird immer kleiner.
c) $m = 0$

9.3 a) $m = 0$ und $n = 0$
b) Die Geradengleichung $y = 0$ ist die x-Achse.

10 Lineare Ungleichungen

10.1 a) $L_1 = \{(x; y) \in \mathbb{Q} \times \mathbb{Q} \mid y = 3x - 2\}$
b) $L_2 = \{(x; y) \in \mathbb{Q} \times \mathbb{Q} \mid y < 3x - 2\}$
c) ja

10.2 a) b) c) d)

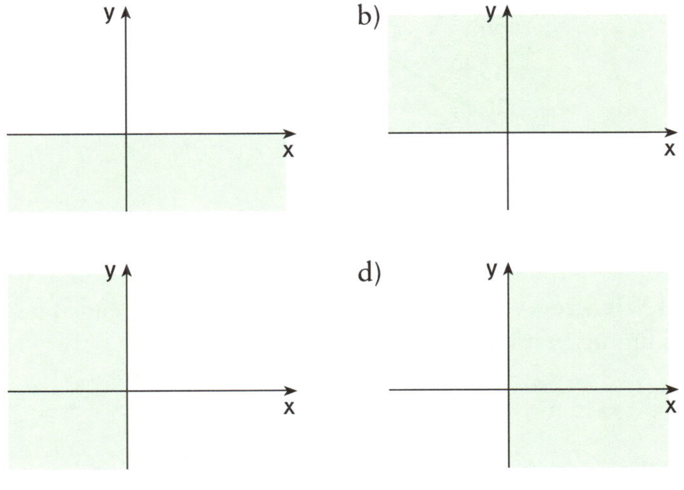

11 Verschiedene Geradengleichungen

11.1 a) Die Steigungen m müssen gleich sein.
b) Alle Geradengleichungen müssen das gleiche n haben.

8

11.2 a) P liegt auf der x-Achse, wenn b = 0.
b) P liegt auf der y-Achse, wenn a = 0.
c) P_1 liegt auf der y-Achse bei +3,
P_2 dagegen auf der x-Achse bei −5.

11.3 a) nein
b) b ist 0, was nicht sein darf; da aber die Gerade mit der x-Achse zusammenfällt, gibt es keinen bestimmten Achsenabschnitt a.

12 Lineare Funktionen und ihre Graphen

12.1 Stromverbrauchsfunktion für den
1. Tarif: $x \mapsto 0{,}30x + 5$
2. Tarif: $x \mapsto 0{,}20x + 10$

a) x = 100: $0{,}30 \cdot 100 + 5 = 35$
$0{,}20 \cdot 100 + 10 = 30$
Tarif 2 ist günstiger.

b) x = 40: $0{,}30 \cdot 40 + 5 = 17$
$0{,}20 \cdot 40 + 10 = 18$
Jetzt ist der erste Tarif günstiger.

12.2 a)

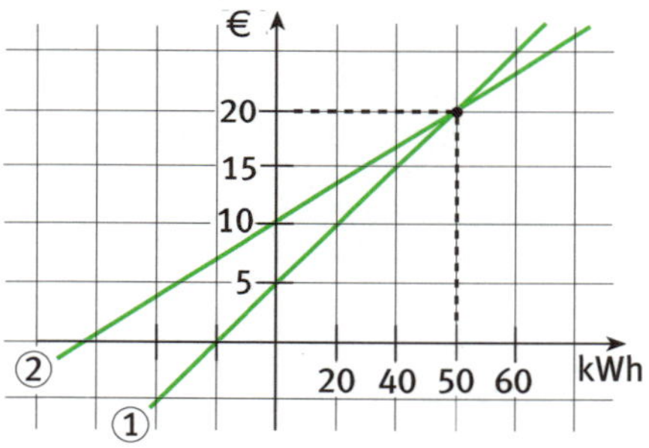

b) Bei 50 kWh Stromverbrauch sind beide Stromtarife gleich günstig. Die Rechnung beträgt dann 20 €.